수능특강

수학영역 확률과 통계

이 책의 **차례** Contents

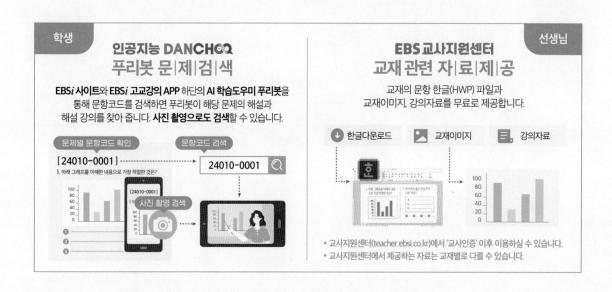

학생

인공지능 DANCHOQ
푸리봇 문|제|검|색

EBS*i* 사이트와 EBS*i* 고교강의 APP 하단의 AI 학습도우미 푸리봇을
통해 문항코드를 검색하면 푸리봇이 해당 문제의 해설과
해설 강의를 찾아 줍니다. **사진 촬영으로도 검색**할 수 있습니다.

문제별 문항코드 확인   문항코드 검색

[24010-0001] ·········→   24010-0001

1. 아래 그래프를 이해한 내용으로 가장 적절한 것은?

[24010-0001]

사진 촬영 검색

선생님

EBS 교사지원센터
교재 관련 자|료|제|공

교재의 문항 한글(HWP) 파일과
교재이미지, 강의자료를 무료로 제공합니다.

⬇ 한글다운로드   🖼 교재이미지   📋 강의자료

• 교사지원센터(teacher.ebsi.co.kr)에서 '교사인증' 이후 이용하실 수 있습니다.
• 교사지원센터에서 제공하는 자료는 교재별로 다를 수 있습니다.

이 책의 **구성과 특징** Structure

개념 정리

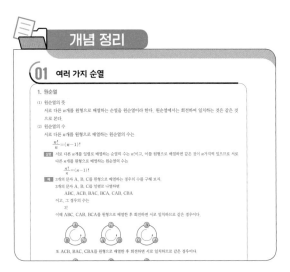

여러 종의 교과서를 통합하여 핵심 개념만을 체계적으로 정리하였고 설명, 참고, 예 를 제시하여 개념에 대한 이해와 적용에 도움이 되게 하였다.

예제 & 유제

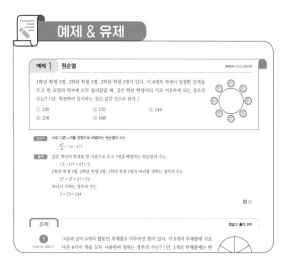

예제는 개념을 적용한 대표 문항으로 문제를 해결하는 데 필요한 주요 개념 및 풀이 전략을 길잡이로 제시하여 풀이 과정의 이해를 돕도록 하였고, 유제는 예제와 유사한 내용의 문제나 일반화된 문제를 제시하여 학습 내용과 문제에 대한 연관성을 익히도록 구성하였다.

Level 1 - Level 2 - Level 3

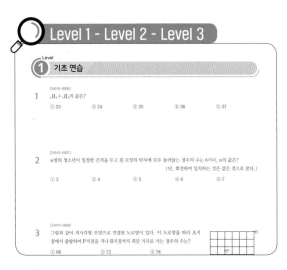

Level 1 기초 연습은 기초 개념을 제대로 숙지했는지 확인할 수 있는 문항을 제시하였으며, Level 2 기본 연습은 기본 응용 문항을, 그리고 Level 3 실력 완성은 수학적 사고력과 문제 해결 능력을 함양할 수 있는 문항을 제시하여 대학수학능력시험 실전에 대비할 수 있도록 구성하였다.

대표 기출 문제

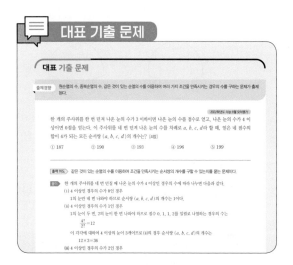

대학수학능력시험과 모의평가 기출 문항으로 구성하였으며 기존 출제 유형을 파악할 수 있도록 출제 경향과 출제 의도를 제시하였다.

01 여러 가지 순열

1. 원순열

(1) 원순열의 뜻

서로 다른 n개를 원형으로 배열하는 순열을 원순열이라 한다. 원순열에서는 회전하여 일치하는 것은 같은 것으로 본다.

(2) 원순열의 수

서로 다른 n개를 원형으로 배열하는 원순열의 수는

$$\frac{n!}{n}=(n-1)!$$

설명 서로 다른 n개를 일렬로 배열하는 순열의 수는 $n!$이고, 이를 원형으로 배열하면 같은 것이 n가지씩 있으므로 서로 다른 n개를 원형으로 배열하는 원순열의 수는

$$\frac{n!}{n}=(n-1)!$$

예 3개의 문자 A, B, C를 원형으로 배열하는 경우의 수를 구해 보자.

3개의 문자 A, B, C를 일렬로 나열하면

ABC, ACB, BAC, BCA, CAB, CBA

이고, 그 경우의 수는

3!

이때 ABC, CAB, BCA를 원형으로 배열한 후 회전하면 서로 일치하므로 같은 경우이다.

또 ACB, BAC, CBA를 원형으로 배열한 후 회전하면 서로 일치하므로 같은 경우이다.

이와 같이 3개의 문자 A, B, C를 일렬로 나열하는 경우의 수는 3!이지만 이를 원형으로 배열하면 회전하여 같아지는 것이 3가지씩 있으므로 3개의 문자 A, B, C를 원형으로 배열하는 원순열의 수는

$$\frac{3!}{3}=(3-1)!=2!=2$$

(3) 서로 다른 n개에서 $r\,(0<r\leq n)$개를 택하여 원형으로 배열하는 경우의 수는

$$_n\mathrm{C}_r\times\frac{r!}{r}=\frac{_n\mathrm{P}_r}{r}$$

예 6명 중 4명을 택하여 택한 4명이 원형의 탁자에 일정한 간격으로 둘러앉는 경우의 수는

$$\frac{_6\mathrm{P}_4}{4}=\frac{6\times5\times4\times3}{4}=90$$

원순열

1학년 학생 3명, 2학년 학생 3명, 3학년 학생 2명이 있다. 이 8명의 학생이 일정한 간격을 두고 원 모양의 탁자에 모두 둘러앉을 때, 같은 학년 학생끼리 서로 이웃하게 되는 경우의 수는? (단, 회전하여 일치하는 것은 같은 것으로 본다.)

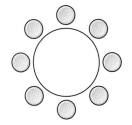

① 120   ② 132   ③ 144

④ 156   ⑤ 168

길잡이 서로 다른 n개를 원형으로 배열하는 원순열의 수는

$$\frac{n!}{n}=(n-1)!$$

풀이 같은 학년의 학생을 한 사람으로 보고 3명을 배열하는 원순열의 수는

$$(3-1)!=2!=2$$

1학년 학생 3명, 2학년 학생 3명, 3학년 학생 2명의 자리를 정하는 경우의 수는

$$3!\times3!\times2!=72$$

따라서 구하는 경우의 수는

$$2\times72=144$$

답 ③

정답과 풀이 2쪽

1
[24010−0001]
그림과 같이 6개의 합동인 부채꼴로 이루어진 원이 있다. 이 6개의 부채꼴에 서로 다른 6가지 색을 모두 사용하여 칠하는 경우의 수는? (단, 1개의 부채꼴에는 한 가지 색만 칠하고, 회전하여 일치하는 것은 같은 것으로 본다.)

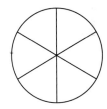

① 90   ② 120   ③ 150

④ 180   ⑤ 210

2
[24010−0002]
1부터 6까지의 자연수가 하나씩 적혀 있는 6개의 접시를 일정한 간격을 두고 원형으로 모두 놓을 때, 서로 이웃한 2개의 접시에 적혀 있는 수의 합이 4 이하인 경우가 존재하도록 놓는 경우의 수는?

(단, 회전하여 일치하는 것은 같은 것으로 본다.)

① 48   ② 60   ③ 72   ④ 84   ⑤ 96

2. 중복순열

(1) 중복순열의 뜻

서로 다른 n개에서 중복을 허락하여 r개를 택해 일렬로 나열하는 것을 n개에서 r개를 택하는 중복순열이라 하고, 이 중복순열의 수를 기호로

$${}_n\Pi_r$$

과 같이 나타낸다.

(2) 중복순열의 수

서로 다른 n개에서 r개를 택하는 중복순열의 수는

$${}_n\Pi_r = n^r$$

설명 서로 다른 n개에서 중복을 허락하여 r개를 택해 일렬로 나열할 때, 첫 번째, 두 번째, 세 번째, $\cdots$, r 번째 자리에 올 수 있는 것은 각각 n가지씩이다.

따라서 중복순열의 수 ${}_n\Pi_r$은 곱의 법칙에 의하여

$${}_n\Pi_r = \underbrace{n \times n \times n \times \cdots \times n}_{r개} = n^r$$

예1 ${}_2\Pi_5 = 2^5 = 32$

예2 문자 a, b, c 중에서 중복을 허락하여 4개를 택해 일렬로 나열하는 경우의 수를 구해 보자.

첫 번째 자리, 두 번째 자리, 세 번째 자리, 네 번째 자리에 올 수 있는 문자는 각각 a, b, c의 3가지이다.

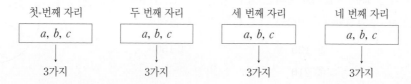

따라서 구하는 경우의 수는 곱의 법칙에 의하여

$$3 \times 3 \times 3 \times 3 = 3^4 = 81$$

이고, 이것은 서로 다른 3개에서 중복을 허락하여 4개를 택해 일렬로 나열하는 중복순열의 수와 같다.

즉, ${}_3\Pi_4 = 3^4 = 81$이다.

참고 순열의 수 ${}_n\mathrm{P}_r$에서는 $0 \le r \le n$이어야 하지만 중복순열의 수 ${}_n\Pi_r$에서는 중복을 허락하므로 $r > n$이어도 된다.

다음 조건을 만족시키는 집합 $U=\{1,\ 2,\ 3,\ 4,\ 5\}$의 두 부분집합 $X,\ Y$의 모든 순서쌍 $(X,\ Y)$의 개수는?

> (가) $n(X \cup Y) \leq 4$
> (나) 집합 X의 모든 원소의 합은 10이다.

① 56   ② 64   ③ 72   ④ 80   ⑤ 88

길잡이 서로 다른 n개에서 r개를 택하는 중복순열의 수는
$$_n\Pi_r=n^r$$

풀이 집합 X의 모든 원소의 합이 10이므로 가능한 집합 X는
$$\{1,\ 2,\ 3,\ 4\},\ \{1,\ 4,\ 5\},\ \{2,\ 3,\ 5\}$$

(i) $n(X)=4$인 경우

집합 $X=\{1,\ 2,\ 3,\ 4\}$의 원소는 두 집합 $X \cap Y^C$, $X \cap Y$ 중 하나의 원소이므로 그 집합을 정하는 경우의 수는
$$_2\Pi_4=2^4=16$$
이고, 집합 $X^C=\{5\}$의 원소는 $n(X \cup Y) \leq 4$이므로 집합 $(X \cup Y)^C$의 원소이다.
따라서 $n(X)=4$인 경우 순서쌍 $(X,\ Y)$의 개수는 16이다.

(ii) $n(X)=3$인 경우

집합 X는 $\{1,\ 4,\ 5\}$ 또는 $\{2,\ 3,\ 5\}$이다.
집합 $X=\{1,\ 4,\ 5\}$의 원소는 두 집합 $X \cap Y^C$, $X \cap Y$ 중 하나의 원소이므로 그 집합을 정하는 경우의 수는
$$_2\Pi_3=2^3=8$$
이다. 집합 $X^C=\{2,\ 3\}$의 원소는 두 집합 $X^C \cap Y$, $(X \cup Y)^C$ 중 하나의 원소이므로 그 집합을 정하는 경우의 수는 $_2\Pi_2=2^2=4$이고, $n(X \cup Y) \leq 4$이므로 두 원소가 모두 집합 $X^C \cap Y$의 원소인 경우를 제외해야 한다. 즉, 집합 X가 $\{1,\ 4,\ 5\}$인 경우의 수는
$$8 \times (4-1)=24$$
집합 X가 $\{2,\ 3,\ 5\}$인 경우의 수는 집합 X가 $\{1,\ 4,\ 5\}$인 경우의 수와 같으므로 24이다.
따라서 $n(X)=3$인 경우 순서쌍 $(X,\ Y)$의 개수는 $24+24=48$이다.

(i), (ii)에 의하여 구하는 순서쌍의 개수는 $16+48=64$

답 ②

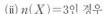

유제

정답과 풀이 2쪽

3

[24010-0003]

숫자 0, 1, 2 중에서 중복을 허락하여 6개를 택해 일렬로 나열하여 만들 수 있는 여섯 자리의 자연수 중 10의 배수의 개수는?

① 162   ② 180   ③ 198   ④ 216   ⑤ 234

3. 같은 것이 있는 순열

(1) **같은 것이 있는 순열의 뜻**

같은 것이 포함되어 있는 n개를 일렬로 나열하는 것을 같은 것이 있는 순열이라고 한다.

(2) **같은 것이 있는 순열의 수**

n개 중에서 같은 것이 각각 p개, q개, $\cdots$, r개씩 있을 때, 이들 모두를 일렬로 나열하는 순열의 수는

$$\frac{n!}{p! \times q! \times \cdots \times r!} \ (\text{단, } p+q+\cdots+r=n)$$

설명 5개의 문자 a, a, a, b, b를 일렬로 나열하는 경우의 수를 구해 보자.

5개의 문자 a, a, a, b, b에서 3개의 a를 구별하여 각각 a_1, a_2, a_3이라 하고, 2개의 b를 구별하여 각각 b_1, b_2라 하면 5개의 문자 a_1, a_2, a_3, b_1, b_2를 일렬로 나열하는 경우의 수는

$${}_5\mathrm{P}_5=5!$$

그런데 $5!$가지 중에서 다음과 같은 $3! \times 2!$가지의 서로 다른 경우는 번호를 이용한 구별이 없다면 모두 $aaabb$와 같다.

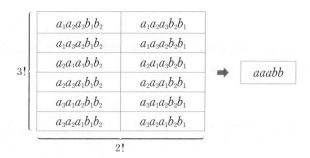

이와 같이 생각하면 5개의 문자 a, a, a, b, b를 일렬로 나열하는 순열의 수는

$$\frac{5!}{3! \times 2!}=10$$

(3) **최단 거리로 가는 경우의 수**

직사각형 모양으로 연결된 도로망에서 도로를 따라 두 지점 사이를 최단 거리로 가는 경우의 수는 가로 방향으로 한 칸 움직이는 이동과 세로 방향으로 한 칸 움직이는 이동을 필요한 횟수만큼 일렬로 나열하는 경우의 수와 같으므로 같은 것이 있는 순열의 수를 이용할 수 있다.

그림과 같이 가로 방향의 칸의 수가 a, 세로 방향의 칸의 수가 b일 때, 이 도로망을 따라 A지점에서 출발하여 B지점까지 최단 거리로 가는 경우의 수는

$$\frac{(a+b)!}{a! \times b!}$$

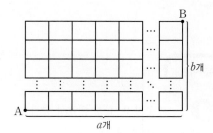

예제 3 **같은 것이 있는 순열**

감나무 5그루, 사과나무 1그루, 귤나무 3그루, 배나무 2그루, 복숭아나무 1그루를 모두 일렬로 심으려고 한다. 사과나무는 모든 감나무보다 오른쪽에, 모든 귤나무보다 왼쪽에 오도록 12그루의 나무를 심는 경우의 수는?

(단, 같은 종류의 과일나무끼리는 서로 구별하지 않는다.)

① 660   ② 720   ③ 780   ④ 840   ⑤ 900

길잡이 n개 중에서 같은 것이 각각 p개, q개, $\cdots$, r개씩 있을 때, 이들 모두를 일렬로 나열하는 순열의 수는

$$\frac{n!}{p! \times q! \times \cdots \times r!} \ (단, p+q+\cdots+r=n)$$

풀이 감나무, 사과나무, 귤나무를 모두 a라 하고, 배나무를 b, 복숭아나무를 c라 하면 12그루의 나무를 일렬로 심는 경우의
수는 $a, a, a, a, a, a, a, a, a, b, b, c$를 일렬로 나열하는 경우의 수와 같다.
따라서 구하는 경우의 수는

$$\frac{12!}{9! \times 2!} = 660$$

답 ①

참고 $a, a, a, a, a, a, a, a, a, b, b, c$를 일렬로 나열하여 나열된 a를 순서대로 5개를 감나무로, 1개를 사과나무로, 3개를 귤나무로 바꾸고, b를 배나무로, c를 복숭아나무로 바꾸면 심는 순서를 알 수 있다.

유제

정답과 풀이 2쪽

4
[24010-0004]

검은색, 파란색, 빨간색 볼펜이 각각 2개씩 있다. 이 6개의 볼펜 중 5개를 택해 5명의 학생에게 1개씩
나누어 주는 경우의 수는? (단, 같은 색 볼펜끼리는 서로 구별하지 않는다.)

① 60   ② 90   ③ 120   ④ 150   ⑤ 180

5
[24010-0005]

그림과 같이 직사각형 모양으로 연결된 도로망이 있다. 이 도로망을 따라 A지점에서 출발하여 P지점은 지나지 않고 Q지점을 지나 B지점까지 최단 거리로 가는 경우의 수는?

① 240   ② 252   ③ 264
④ 276   ⑤ 288

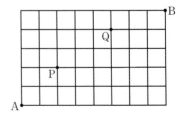

[24010–0006]

1 $_2\Pi_4 + {}_3\Pi_2$의 값은?

① 23   ② 24   ③ 25   ④ 26   ⑤ 27

[24010–0007]

2 n명의 청소년이 일정한 간격을 두고 원 모양의 탁자에 모두 둘러앉는 경우의 수는 6이다. n의 값은?

(단, 회전하여 일치하는 것은 같은 것으로 본다.)

① 3   ② 4   ③ 5   ④ 6   ⑤ 7

[24010–0008]

3 그림과 같이 직사각형 모양으로 연결된 도로망이 있다. 이 도로망을 따라 A지점에서 출발하여 P지점을 지나 B지점까지 최단 거리로 가는 경우의 수는?

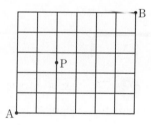

① 66   ② 72   ③ 78

④ 84   ⑤ 90

[24010–0009]

4 한 개의 주사위를 네 번 던져서 나오는 눈의 수가 모두 15의 약수인 경우의 수는?

① 81   ② 84   ③ 87   ④ 90   ⑤ 93

5 [24010-0010]

그림과 같이 정사각형과 이 정사각형의 각 변의 중점을 꼭짓점으로 하는 정사각형으로 이루어진 도형이 있다. 이 도형의 5개의 영역에 서로 다른 6가지 색 중 서로 다른 5가지 색을 선택하여 모두 칠하는 경우의 수는?

(단, 한 영역에는 한 가지 색만 칠하고, 회전하여 일치하는 것은 같은 것으로 본다.)

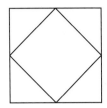

① 90   ② 120   ③ 150
④ 180   ⑤ 210

6 [24010-0011]

9개의 문자 E, X, C, E, L, L, E, N, T를 모두 일렬로 나열할 때, X의 바로 양옆에 C와 T가 있도록 9개의 문자를 나열하는 경우의 수는?

① 480   ② 600   ③ 720   ④ 840   ⑤ 960

7 [24010-0012]

서로 다른 6개의 공을 서로 다른 2개의 상자에 남김없이 나누어 넣을 때, 빈 상자가 없도록 나누어 넣는 경우의 수는?

① 54   ② 56   ③ 58   ④ 60   ⑤ 62

8 [24010-0013]

4개의 학급에서 각각 2명씩 뽑힌 학생이 있다. 이 8명의 학생이 일정한 간격을 두고 각 변에 2개씩의 의자가 놓인 그림과 같은 정사각형 모양의 탁자에 둘러앉을 때, 정사각형의 모든 변에 대하여 정사각형 한 변의 2개의 의자에 같은 학급의 학생끼리 앉는 경우의 수는? (단, 회전하여 일치하는 것은 같은 것으로 본다.)

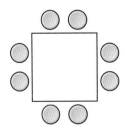

① 64   ② 72   ③ 80
④ 88   ⑤ 96

[24010-0014]

1 어느 학교에서는 각각의 학생이 4개의 과목 경제, 사회문화, 세계사, 한국지리 중 3개의 과목을 선택한다. 이 학교의 학생 4명이 각각 3개의 과목을 선택하는 경우의 수는?

① 64   ② 128   ③ 192   ④ 256   ⑤ 320

[24010-0015]

2 1부터 8까지의 자연수가 하나씩 적혀 있는 8개의 의자가 있다. 이 8개의 의자 를 일정한 간격을 두고 원형으로 배열할 때, 서로 이웃한 2개의 의자에 적혀 있는 수의 곱이 항상 짝수가 되도록 배열하는 경우의 수는?

(단, 회전하여 일치하는 것은 같은 것으로 본다.)

① 108   ② 120   ③ 132
④ 144   ⑤ 156

[24010-0016]

3 8개의 문자 a, a, b, b, c, c, e, f를 모두 일렬로 나열할 때, 양 끝 모두에 자음을 나열하고, 모음끼리는 서로 이웃하지 않도록 나열하는 경우의 수는?

① 300   ② 330   ③ 360   ④ 390   ⑤ 420

[24010-0017]

4 2부터 6까지의 자연수 중에서 중복을 허락하여 5개를 택해 일렬로 나열하여 만들 수 있는 다섯 자리의 자연수 중 각 자리의 수의 곱이 3의 배수이지만 9의 배수가 아닌 자연수의 개수는?

① 450   ② 540   ③ 630   ④ 720   ⑤ 810

[24010-0018]

5 숫자 1, 3, 5 중에서 중복을 허락하여 6개를 택해, 택한 6개의 수를 모두 일렬로 나열하여 개인 식별 번호를 만들려고 한다. 다음 조건을 만족시키는 개인 식별 번호의 개수는?

> (가) 숫자 1, 3, 5가 1개 이상씩 포함된다.
> (나) 택한 6개의 수의 합은 22 이상이다.

① 50   ② 60   ③ 70   ④ 80   ⑤ 90

[24010-0019]

6 1부터 9까지의 자연수가 하나씩 적혀 있는 9개의 공을 같은 종류의 상자 3개에 다음 조건을 만족시키도록 남김없이 나누어 넣는 경우의 수는?

> (가) 각 상자에 넣는 공의 개수는 2 이상이다.
> (나) 한 상자에 넣은 모든 공에 적힌 수의 곱이 12의 배수인 상자의 개수는 3이다.

① 45   ② 54   ③ 63   ④ 72   ⑤ 81

[24010-0020]

7 어른 4명과 어린이 5명이 일정한 간격을 두고 그림과 같은 정삼각형 모양의 탁자에 둘러앉으려고 한다. 삼각형의 모든 변에 대하여 삼각형의 한 변의 3개의 의자에 적어도 1명의 어른이 앉도록 9명이 모두 둘러앉는 경우의 수는 $k \times 6!$이다. k의 값은?

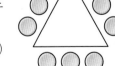

(단, 회전하여 일치하는 것은 같은 것으로 본다.)

① 105   ② 108   ③ 111
④ 114   ⑤ 117

[24010-0021]

1 원 모양의 탁자에 일정한 간격을 두고 원형으로 놓인 같은 종류의 바구니 4개가 있다. 이 4개의 바구니에 1부터 5까지의 자연수가 하나씩 적힌 흰 공 5개와 1부터 3까지의 자연수가 하나씩 적힌 검은 공 3개를 다음 조건을 만족시키도록 남김없이 나누어 담는 경우의 수를 구하시오. (단, 회전하여 일치하는 것은 같은 것으로 본다.)

(가) 각 바구니에 공을 2개씩 담는다.
(나) 검은 공만 담는 바구니는 없다.
(다) 한 바구니에 담는 두 공에 적힌 수의 곱이 짝수인 바구니의 개수는 3이다.

[24010-0022]

2 다음 조건을 만족시키는 집합 $U = \{1, 2, 3, 4\}$의 세 부분집합 A, B, C의 모든 순서쌍 (A, B, C)의 개수를 구하시오.

(가) $n(A \cup B) = 3$, $A \cap C = \varnothing$
(나) 두 집합 A, C는 공집합이 아니다.

[24010-0023]

3 1부터 6까지의 자연수가 하나씩 적힌 카드가 각각 2장씩 있다. 이 12장의 카드를 모두 일렬로 나열하려고 할 때, 서로 이웃한 카드에 적힌 두 수의 최대공약수가 항상 5의 약수가 되도록 나열하는 경우의 수는?

(단, 같은 숫자가 적힌 카드끼리는 서로 구별하지 않는다.)

① 9640　　　② 9720　　　③ 9800　　　④ 9880　　　⑤ 9960

대표 기출 문제

원순열의 수, 중복순열의 수, 같은 것이 있는 순열의 수를 이용하여 여러 가지 조건을 만족시키는 경우의 수를 구하는 문제가 출제된다.

한 개의 주사위를 한 번 던져 나온 눈의 수가 3 이하이면 나온 눈의 수를 점수로 얻고, 나온 눈의 수가 4 이상이면 0점을 얻는다. 이 주사위를 네 번 던져 나온 눈의 수를 차례로 a, b, c, d라 할 때, 얻은 네 점수의 합이 4가 되는 모든 순서쌍 (a, b, c, d)의 개수는? [4점]

① 187   ② 190   ③ 193   ④ 196   ⑤ 199

출제 의도 ▷ 같은 것이 있는 순열의 수를 이용하여 조건을 만족시키는 순서쌍의 개수를 구할 수 있는지를 묻는 문제이다.

풀이 ▷ 한 개의 주사위를 네 번 던질 때 나온 눈의 수가 4 이상인 경우의 수에 따라 나누면 다음과 같다.

(i) 4 이상인 경우의 수가 0인 경우

1의 눈만 네 번 나와야 하므로 순서쌍 (a, b, c, d)의 개수는 1이다.

(ii) 4 이상인 경우의 수가 1인 경우

1의 눈이 두 번, 2의 눈이 한 번 나와야 하므로 점수 0, 1, 1, 2를 일렬로 나열하는 경우의 수는

$$\frac{4!}{2!}=12$$

이 각각에 대하여 4 이상의 눈이 3개이므로 (ii)의 경우 순서쌍 (a, b, c, d)의 개수는

$$12 \times 3 = 36$$

(iii) 4 이상인 경우의 수가 2인 경우

1의 눈이 한 번, 3의 눈이 한 번 나올 때, 점수 0, 0, 1, 3을 일렬로 나열하는 경우의 수는

$$\frac{4!}{2!}=12$$

이고, 2의 눈이 두 번 나올 때, 점수 0, 0, 2, 2를 일렬로 나열하는 경우의 수는

$$\frac{4!}{2! \times 2!}=6$$

이다. 이 각각에 대하여 4 이상의 눈이 두 번 나오는 경우의 수는 $3 \times 3 = 9$이므로 (iii)의 경우 순서쌍 (a, b, c, d)의 개수는

$$(12+6) \times 9 = 162$$

(i), (ii), (iii)에 의하여 모든 순서쌍 (a, b, c, d)의 개수는

$$1+36+162=199$$

답 ⑤

02 중복조합과 이항정리

1. 중복조합

(1) 중복조합의 뜻

서로 다른 n개에서 순서를 생각하지 않고 중복을 허락하여 r개를 택하는 조합을 n개에서 r개를 택하는 중복조합이라 하고, 이 중복조합의 수를 기호로

$$_n\mathrm{H}_r$$

과 같이 나타낸다.

(2) 중복조합의 수

서로 다른 n개에서 r개를 택하는 중복조합의 수는

$$_n\mathrm{H}_r = {}_{n+r-1}\mathrm{C}_r$$

설명 문자 a, b, c 중에서 중복을 허락하여 4개를 택하는 경우는 15가지이다. 이 15가지 경우를 문자가 들어갈 4개의 자리 ○와 서로 다른 문자의 사이를 구분할 2개의 막대 │를 이용하여 나타내면 다음과 같다.

즉, 2개의 │와 4개의 ○를 일렬로 나열한 후 왼쪽에 놓인 │의 왼쪽에 ○가 있으면 그 자리에는 문자 a를, │와 │ 사이에 ○가 있으면 그 자리에는 문자 b를, 오른쪽에 놓인 │의 오른쪽에 ○가 있으면 그 자리에는 문자 c를 넣으면 된다.

따라서 세 개의 문자 a, b, c 중에서 중복을 허락하여 4개를 택하는 중복조합의 수 $_3\mathrm{H}_4$는 2개의 │와 4개의 ○를 모두 일렬로 나열하는 같은 것이 있는 순열의 수

$$\frac{6!}{2! \times 4!} = 15$$

와 같다.

일반적으로 서로 다른 n개에서 r개를 택하는 중복조합의 수 $_n\mathrm{H}_r$은 $(n-1)$개의 │와 r개의 ○를 모두 일렬로 나열하는 같은 것이 있는 순열의 수와 같다. 또, 이 수는 $(n-1+r)$개의 자리 중에서 ○를 놓을 r개의 자리를 택하는 조합의 수와 같으므로

$$_n\mathrm{H}_r = \frac{\{(n-1)+r\}!}{(n-1)!\,r!} = {}_{n-1+r}\mathrm{C}_r = {}_{n+r-1}\mathrm{C}_r$$

이다.

예 숫자 1, 2, 3, 4 중에서 중복을 허락하여 5개를 택하는 경우의 수는 서로 다른 4개에서 5개를 택하는 중복조합의 수와 같으므로

$$_4\mathrm{H}_5 = {}_{4+5-1}\mathrm{C}_5 = {}_8\mathrm{C}_5 = {}_8\mathrm{C}_3 = \frac{8 \times 7 \times 6}{3 \times 2 \times 1} = 56$$

이다.

예제 1 | 중복조합

같은 종류의 빵 6개와 같은 종류의 우유 8개를 3명의 학생에게 남김없이 나누어 줄 때, 다음 조건을 만족시키도록 나누어 주는 경우의 수는?

(가) 각 학생에게 적어도 1개의 빵을 준다.
(나) 각 학생에게 나누어 주는 우유의 개수는 빵의 개수보다 크거나 같다.

① 50　　　　② 60　　　　③ 70　　　　④ 80　　　　⑤ 90

길잡이　서로 다른 n개에서 r개를 택하는 중복조합의 수는

$$_n\mathrm{H}_r = {}_{n+r-1}\mathrm{C}_r$$

풀이　3명의 학생에게 빵을 나누어 주는 경우는 먼저 빵을 1개씩 나누어 주고 남은 3개의 빵을 3명의 학생에게 나누어 주면 되므로 이 경우의 수는 서로 다른 3개에서 3개를 택하는 중복조합의 수와 같다.

$$_3\mathrm{H}_3 = {}_{3+3-1}\mathrm{C}_3 = {}_5\mathrm{C}_3 = {}_5\mathrm{C}_2 = \frac{5 \times 4}{2 \times 1} = 10$$

우유를 나누어 주는 경우는 먼저 6개의 우유를 각 학생에게 나누어 준 빵의 개수만큼 나누어 주고 남은 2개의 우유를 3명의 학생에게 나누어 주면 되므로 이 경우의 수는 서로 다른 3개에서 2개를 택하는 중복조합의 수와 같다.

$$_3\mathrm{H}_2 = {}_{3+2-1}\mathrm{C}_2 = {}_4\mathrm{C}_2 = \frac{4 \times 3}{2 \times 1} = 6$$

따라서 구하는 경우의 수는

$$10 \times 6 = 60$$

답 ②

유제

정답과 풀이 7쪽

1
[24010-0024]
공책 9권을 4명의 학생에게 남김없이 나누어 줄 때, 각 학생이 공책을 1권 이상씩 받도록 나누어 주는 경우의 수는? (단, 공책끼리는 서로 구별하지 않는다.)

① 56　　　　② 60　　　　③ 64　　　　④ 68　　　　⑤ 72

2
[24010-0025]
다음 조건을 만족시키는 삼각형 ABC의 개수는?

(가) $\overline{\mathrm{AB}}$, $\overline{\mathrm{BC}}$, $\overline{\mathrm{CA}}$는 모두 자연수이다.
(나) $3 \leq \overline{\mathrm{AB}} \leq \overline{\mathrm{BC}} \leq \overline{\mathrm{CA}} \leq 8$

① 47　　　　② 49　　　　③ 51　　　　④ 53　　　　⑤ 55

2. 중복조합의 활용

(1) 방정식을 만족시키는 음이 아닌 정수해의 개수

방정식 $x_1+x_2+\cdots+x_n=r$ (n은 자연수, r은 음이 아닌 정수)를 만족시키는 음이 아닌 정수 x_1, x_2, $\cdots$, x_n의 모든 순서쌍 $(x_1, x_2, \cdots, x_n)$의 개수는

$$_n\mathrm{H}_r$$

이다.

설명1 방정식 $x+y+z=7$을 만족시키는 음이 아닌 정수 x, y, z의 모든 순서쌍 (x, y, z)의 개수를 구해 보자.

예를 들어 방정식 $x+y+z=7$의 해의 하나인 $x=1$, $y=2$, $z=4$는 서로 다른 3개의 문자 x, y, z 중에서 1개의 x, 2개의 y, 4개의 z를 순서를 생각하지 않고 선택하는 경우인 $xyyzzzz$와 같다고 생각할 수 있다.

같은 방법으로 생각하면 주어진 방정식의 모든 해의 순서쌍 (x, y, z)의 개수는 서로 다른 3개의 문자 x, y, z 중에서 7개를 택하는 중복조합의 수와 같으므로 구하는 모든 순서쌍 (x, y, z)의 개수는

$$_3\mathrm{H}_7=_{3+7-1}\mathrm{C}_7=_9\mathrm{C}_7=_9\mathrm{C}_2=\frac{9\times 8}{2\times 1}=36$$

일반적으로 방정식 $x_1+x_2+\cdots+x_n=r$ (n은 자연수, r은 음이 아닌 정수)를 만족시키는 음이 아닌 정수 x_1, x_2, $\cdots$, x_n의 모든 순서쌍 $(x_1, x_2, \cdots, x_n)$의 개수는 서로 다른 n개의 문자 x_1, x_2, $\cdots$, x_n 중에서 r개를 택하는 중복조합의 수 $_n\mathrm{H}_r$과 같다.

설명2 n 이상의 자연수 r에 대하여 방정식 $x_1+x_2+\cdots+x_n=r$을 만족시키는 자연수 x_1, x_2, $\cdots$, x_n의 모든 순서쌍 $(x_1, x_2, \cdots, x_n)$의 개수는 다음과 같이 구한다.

$$x_1=x_1'+1,\ x_2=x_2'+1,\ \cdots,\ x_n=x_n'+1$$

로 놓으면 x_1', x_2', $\cdots$, x_n'은 음이 아닌 정수이다. 방정식 $x_1+x_2+\cdots+x_n=r$을 만족시키는 자연수 x_1, x_2, $\cdots$, x_n의 모든 순서쌍 $(x_1, x_2, \cdots, x_n)$의 개수는 방정식 $x_1'+x_2'+\cdots+x_n'=r-n$을 만족시키는 음이 아닌 정수 x_1', x_2', $\cdots$, x_n'의 모든 순서쌍 $(x_1', x_2', \cdots, x_n')$의 개수와 같으므로

$$_n\mathrm{H}_{r-n}$$

이다.

(2) 조건을 만족시키는 함수의 개수

실수 전체의 집합의 공집합이 아닌 두 부분집합 X, Y의 원소의 개수가 각각 m, n일 때, 집합 X에서 집합 Y로의 함수 중에서

'집합 X의 임의의 두 원소 a, b에 대하여 $a<b$이면 $f(a)\leq f(b)$이다.'

를 만족시키는 함수 f의 개수는

$$_n\mathrm{H}_m$$

이다.

설명 위의 조건을 만족시키는 함수는 집합 Y의 원소 n개에서 중복을 허락하여 m개를 택하여 집합 X의 원소에 크지 않은 수부터 크기순으로 대응시키면 되므로 구하는 함수의 개수는 서로 다른 n개에서 m개를 택하는 중복조합의 수인 $_n\mathrm{H}_m$과 같다.

다음 조건을 만족시키는 자연수 x, y, z, w의 모든 순서쌍 (x, y, z, w)의 개수는?

(가) $x+y+z+w=13$
(나) xy는 5의 배수이다.

① 40   ② 42   ③ 44   ④ 46   ⑤ 48

길잡이 방정식 $x_1+x_2+\cdots+x_n=r$ (n은 자연수, r은 음이 아닌 정수)를 만족시키는 음이 아닌 정수 x_1, x_2, $\cdots$, x_n의 모든 순서쌍 $(x_1, x_2, \cdots, x_n)$의 개수는 $_nH_r$이다.

풀이 xy가 5의 배수인 경우는 다음과 같다.

(ⅰ) $x=5$ 또는 $y=5$인 경우

$x=5$이면 $y+z+w=8$ (y, z, w는 자연수)에서

$y=y'+1$, $z=z'+1$, $w=w'+1$ (y', z', w'은 음이 아닌 정수)라 하면

$y'+z'+w'=5$

순서쌍 (x, y, z, w)의 개수는 음이 아닌 정수 y', z', w'의 순서쌍 (y', z', w')의 개수와 같으므로

$_3H_5=_{3+5-1}C_5=_7C_5=_7C_2=21$

$y=5$인 경우의 수도 $x=5$일 때와 같은 방법으로 구하면 21이다.

$x=y=5$이면 $z+w=3$ (z, w는 자연수)에서 $z=z'+1$, $w=w'+1$ (z', w'은 음이 아닌 정수)라 하면

$z'+w'=1$

순서쌍 (x, y, z, w)의 개수는 음이 아닌 정수 z', w'의 순서쌍 (z', w')의 개수와 같으므로

$_2H_1=_{2+1-1}C_1=_2C_1=2$

따라서 $x=5$ 또는 $y=5$인 순서쌍 (x, y, z, w)의 개수는

$21+21-2=40$

(ⅱ) $x=10$ 또는 $y=10$인 경우

$x=10$이면 $y+z+w=3$ (y, z, w는 자연수)에서 $y=z=w=1$이므로 순서쌍 (x, y, z, w)의 개수는 1이다.

$y=10$인 경우의 수도 $x=10$일 때와 같은 방법으로 구하면 1이다.

따라서 $x=10$ 또는 $y=10$인 순서쌍 (x, y, z, w)의 개수는

$1+1=2$

(ⅰ), (ⅱ)에 의하여 모든 순서쌍 (x, y, z, w)의 개수는

$40+2=42$

답 ②

유제

정답과 풀이 7쪽

3

[24010-0026]

밤빵, 팥빵, 크림빵이 각각 5개씩 있다. 이 15개의 빵 중에서 6개의 빵을 선택하는 경우의 수는?

(단, 같은 종류의 빵끼리는 서로 구별하지 않고, 선택하지 않는 종류의 빵이 있을 수 있다.)

① 25   ② 26   ③ 27   ④ 28   ⑤ 29

3. 이항정리

(1) 이항정리

자연수 n에 대하여 다항식 $(a+b)^n$을 전개하면

$$(a+b)^n = {}_n\mathrm{C}_0 a^n + {}_n\mathrm{C}_1 a^{n-1}b + {}_n\mathrm{C}_2 a^{n-2}b^2 + \cdots + {}_n\mathrm{C}_r a^{n-r}b^r + \cdots + {}_n\mathrm{C}_n b^n$$

이다. 이와 같이 다항식 $(a+b)^n$을 전개하는 것을 이항정리라고 한다.

설명 다항식 $(a+b)^3$을 전개하면

$$(a+b)^3 = (a+b)(a+b)(a+b) = a^3 + 3a^2b + 3ab^2 + b^3$$

이때 a^2b항은 세 개의 인수 $(a+b)$ 중 어느 한 인수에서 b를 택하고, 나머지 두 인수에서 각각 a를 택하여 곱한 단항식 baa, aba, aab의 합이다. 즉, a^2b의 계수는 세 개의 인수 $(a+b)$ 중 한 개에서 b를 택하는 조합의 수와 같으므로 ${}_3\mathrm{C}_1 = 3$이다.

$$
\begin{array}{cccc}
(a+b) & (a+b) & (a+b) & \\
\downarrow & \downarrow & \downarrow & \\
b & a & a & \Rightarrow a^2b \\
a & b & a & \Rightarrow a^2b \\
a & a & b & \Rightarrow a^2b
\end{array}
$$

마찬가지 방법으로 a^3, ab^2, b^3의 계수는 각각 ${}_3\mathrm{C}_0$, ${}_3\mathrm{C}_2$, ${}_3\mathrm{C}_3$임을 알 수 있다.

따라서 $(a+b)^3$의 전개식을 조합의 수를 이용하여 나타내면

$$(a+b)^3 = {}_3\mathrm{C}_0 a^3 + {}_3\mathrm{C}_1 a^2b + {}_3\mathrm{C}_2 ab^2 + {}_3\mathrm{C}_3 b^3$$

이다.

일반적으로 자연수 n에 대하여 다항식

$$(a+b)^n = \underbrace{(a+b)(a+b) \times \cdots \times (a+b)}_{n\text{개}}$$

의 전개식에서 $a^{n-r}b^r$항은 n개의 인수 $(a+b)$ 중 r개의 인수에서 b를 택하고, 나머지 $(n-r)$개의 인수에서 a를 택하여 곱한 것이므로 $a^{n-r}b^r$의 계수는 n개의 인수 $(a+b)$ 중 r개의 인수에서 b를 택하는 조합의 수와 같다.

즉, 다항식 $(a+b)^n$의 전개식에서 $a^{n-r}b^r$의 계수는 ${}_n\mathrm{C}_r$과 같다.

따라서 다항식 $(a+b)^n$의 전개식은

$$(a+b)^n = {}_n\mathrm{C}_0 a^n + {}_n\mathrm{C}_1 a^{n-1}b + {}_n\mathrm{C}_2 a^{n-2}b^2 + \cdots + {}_n\mathrm{C}_r a^{n-r}b^r + \cdots + {}_n\mathrm{C}_n b^n$$

참고 ${}_n\mathrm{C}_r = {}_n\mathrm{C}_{n-r}$이므로 다항식 $(a+b)^n$의 전개식에서 $a^{n-r}b^r$의 계수와 $a^r b^{n-r}$의 계수는 같다.

(2) 이항계수

다항식 $(a+b)^n$의 전개식에서 각 항의 계수

$${}_n\mathrm{C}_0,\ {}_n\mathrm{C}_1,\ {}_n\mathrm{C}_2,\ \cdots,\ {}_n\mathrm{C}_r,\ \cdots,\ {}_n\mathrm{C}_n$$

을 이항계수라 하고, ${}_n\mathrm{C}_r a^{n-r}b^r$ $(r=0,\ 1,\ 2,\ \cdots,\ n)$을 일반항이라고 한다.

예 다항식 $(3x+y)^5$의 전개식의 일반항을 이용하여 x^2y^3의 계수를 구해 보자.

다항식 $(3x+y)^5$의 전개식의 일반항은

$${}_5\mathrm{C}_r (3x)^{5-r} y^r = {}_5\mathrm{C}_r \times 3^{5-r} \times x^{5-r} \times y^r \quad (r=0,\ 1,\ 2,\ \cdots,\ 5)$$

이므로 $r=3$일 때 x^2y^3의 계수는

$${}_5\mathrm{C}_3 \times 3^2 = 90$$

다항식 $(x+3)^3(2x-1)^4$의 전개식에서 x^6의 계수는?

① 100   ② 104   ③ 108   ④ 112   ⑤ 116

길잡이 자연수 n에 대하여 다항식 $(a+b)^n$을 전개하면
$$(a+b)^n = {}_nC_0 a^n + {}_nC_1 a^{n-1}b + {}_nC_2 a^{n-2}b^2 + \cdots + {}_nC_r a^{n-r}b^r + \cdots + {}_nC_n b^n$$

풀이 다항식 $(x+3)^3$의 전개식의 일반항은
$${}_3C_r x^{3-r} 3^r \ (단, \ r=0, \ 1, \ 2, \ 3)$$
다항식 $(2x-1)^4$의 전개식의 일반항은
$${}_4C_{r'} (2x)^{4-r'} (-1)^{r'} \ (단, \ r'=0, \ 1, \ 2, \ 3, \ 4)$$
(i) 다항식 $(x+3)^3$의 전개식에서 x^2의 계수와 다항식 $(2x-1)^4$의 전개식에서 x^4의 계수를 곱하는 경우
    $r=1$, $r'=0$인 경우이므로 x^6의 계수는
$${}_3C_1 \times 3 \times {}_4C_0 \times 2^4 \times (-1)^0 = 144$$
(ii) 다항식 $(x+3)^3$의 전개식에서 x^3의 계수와 다항식 $(2x-1)^4$의 전개식에서 x^3의 계수를 곱하는 경우
    $r=0$, $r'=1$인 경우이므로 x^6의 계수는
$${}_3C_0 \times 3^0 \times {}_4C_1 \times 2^3 \times (-1) = -32$$
(i), (ii)에 의하여 x^6의 계수는
$$144 + (-32) = 112$$

답 ④

유제

정답과 **풀이 7**쪽

[24010–0027]

${}_4C_0 - {}_4C_1 \times 5 + {}_4C_2 \times 5^2 - {}_4C_3 \times 5^3 + {}_4C_4 \times 5^4$의 값은?

① 64   ② 128   ③ 192   ④ 256   ⑤ 320

5
[24010–0028]

$\left(ax - \dfrac{4}{x}\right)^6$의 전개식에서 x^2의 계수가 15일 때, 양수 a의 값은?

① $\dfrac{1}{4}$ ② $\dfrac{3}{8}$ ③ $\dfrac{1}{2}$ ④ $\dfrac{5}{8}$ ⑤ $\dfrac{3}{4}$

4. 이항계수의 활용

(1) 이항계수의 성질

모든 자연수 n에 대하여 다음이 성립한다.

① $_nC_0+_nC_1+_nC_2+_nC_3+\cdots+_nC_n=2^n$

② $_nC_0-_nC_1+_nC_2-_nC_3+\cdots+(-1)^n {}_nC_n=0$

③ n이 홀수일 때, $_nC_0+_nC_2+_nC_4+\cdots+_nC_{n-1}=_nC_1+_nC_3+_nC_5+\cdots+_nC_n=2^{n-1}$

    n이 짝수일 때, $_nC_0+_nC_2+_nC_4+\cdots+_nC_n=_nC_1+_nC_3+_nC_5+\cdots+_nC_{n-1}=2^{n-1}$

> **설명** 이항정리를 이용하여 다항식 $(1+x)^n$을 전개하면
>
> $$(1+x)^n=_nC_0+_nC_1x+_nC_2x^2+_nC_3x^3+\cdots+_nC_nx^n \quad\cdots\cdots ㉠$$
>
> (1) ㉠의 양변에 $x=1$을 대입하면
>
> $$2^n=_nC_0+_nC_1+_nC_2+_nC_3+\cdots+_nC_n \quad\cdots\cdots ㉡$$
>
> (2) ㉠의 양변에 $x=-1$을 대입하면
>
> $$0=_nC_0-_nC_1+_nC_2-_nC_3+\cdots+(-1)^n {}_nC_n \quad\cdots\cdots ㉢$$
>
> (3) n이 홀수일 때, $\frac{1}{2}(㉡+㉢)$을 하면
>
> $$2^{n-1}=_nC_0+_nC_2+_nC_4+\cdots+_nC_{n-1}$$
>
> n이 홀수일 때, $\frac{1}{2}(㉡-㉢)$을 하면
>
> $$2^{n-1}=_nC_1+_nC_3+_nC_5+\cdots+_nC_n$$
>
> 마찬가지 방법으로 n이 짝수일 때
>
> $$_nC_0+_nC_2+_nC_4+\cdots+_nC_n=_nC_1+_nC_3+_nC_5+\cdots+_nC_{n-1}=2^{n-1}$$

(2) 파스칼의 삼각형

음이 아닌 정수 n에 대하여 $(a+b)^n$의 전개식에서 이항계수를 차례로 삼각형 모양으로 나열한 것을 파스칼의 삼각형이라고 한다.

파스칼의 삼각형에서 다음이 성립함을 알 수 있다.

① $_nC_r=_nC_{n-r}$ $(0\le r\le n)$이므로 각 단계의 이항계수의 배열은 좌우 대칭이다.

② $_{n-1}C_{r-1}+_{n-1}C_r=_nC_r$ $(1\le r\le n-1)$이므로 각 단계에서 이웃하는 두 수의 합은 그 두 수의 가운데의 아래쪽에 있는 다음 단계의 수와 같다.

예제 4 이항계수의 활용

수열 $\{a_n\}$의 일반항이

$$a_n = \sum_{k=1}^{n} {}_n\mathrm{C}_k$$

일 때, $\sum_{n=1}^{7} \dfrac{2^n}{a_n a_{n+1}}$의 값은?

① $\dfrac{50}{51}$ 　　② $\dfrac{251}{255}$ 　　③ $\dfrac{84}{85}$ 　　④ $\dfrac{253}{255}$ 　　⑤ $\dfrac{254}{255}$

길잡이 모든 자연수 n에 대하여
$${}_n\mathrm{C}_0 + {}_n\mathrm{C}_1 + {}_n\mathrm{C}_2 + \cdots + {}_n\mathrm{C}_n = 2^n$$

풀이
$$
\begin{aligned}
a_n &= \sum_{k=1}^{n} {}_n\mathrm{C}_k \\
&= {}_n\mathrm{C}_1 + {}_n\mathrm{C}_2 + \cdots + {}_n\mathrm{C}_n \\
&= {}_n\mathrm{C}_0 + {}_n\mathrm{C}_1 + {}_n\mathrm{C}_2 + \cdots + {}_n\mathrm{C}_n - {}_n\mathrm{C}_0 \\
&= 2^n - 1
\end{aligned}
$$

$$
\begin{aligned}
\sum_{n=1}^{7} \frac{2^n}{a_n a_{n+1}} &= \sum_{n=1}^{7} \frac{2^n}{(2^n-1)(2^{n+1}-1)} \\
&= \sum_{n=1}^{7} \left(\frac{1}{2^n-1} - \frac{1}{2^{n+1}-1} \right) \\
&= \left(1 - \frac{1}{3}\right) + \left(\frac{1}{3} - \frac{1}{7}\right) + \left(\frac{1}{7} - \frac{1}{15}\right) + \cdots + \left(\frac{1}{127} - \frac{1}{255}\right) \\
&= 1 - \frac{1}{255} = \frac{254}{255}
\end{aligned}
$$

답 ⑤

유제

정답과 풀이 7쪽

6
[24010−0029]

${}_7\mathrm{C}_1 + {}_7\mathrm{C}_2 + {}_7\mathrm{C}_3 + {}_7\mathrm{C}_4 + {}_7\mathrm{C}_5 + {}_7\mathrm{C}_6$의 값은?

① 63　　② 126　　③ 189　　④ 252　　⑤ 315

7
[24010−0030]

수열 $\{a_n\}$이 모든 자연수 n에 대하여

$$a_{2n-1} = 8, \ a_{2n} = 9$$

를 만족시킨다. $\sum_{n=1}^{9} {}_{a_n}\mathrm{C}_{n-1}$의 값은?

① 255　　② 383　　③ 511　　④ 639　　⑤ 767

[24010-0031]

1 다항식 $(x-2)^6$의 전개식에서 x^2의 계수는?

① 210   ② 225   ③ 240   ④ 255   ⑤ 270

[24010-0032]

2 같은 종류의 공 5개를 서로 다른 4개의 주머니에 남김없이 나누어 넣는 경우의 수는?

(단, 공을 넣지 않는 주머니가 있을 수 있다.)

① 50   ② 52   ③ 54   ④ 56   ⑤ 58

[24010-0033]

3 $_{10}C_1+_{10}C_3+_{10}C_5+_{10}C_7+_{10}C_9$의 값은?

① 128   ② 256   ③ 384   ④ 512   ⑤ 640

[24010-0034]

4 방정식 $a+b+c+d=3$을 만족시키는 음이 아닌 정수 a, b, c, d의 모든 순서쌍 (a, b, c, d)의 개수는?

① 14   ② 20   ③ 26   ④ 32   ⑤ 38

[24010-0035]

5 감자전을 포함한 서로 다른 5종류의 음식 중에서 감자전을 포함하여 5개의 음식을 주문하는 경우의 수는?

(단, 같은 종류의 음식끼리는 서로 구별하지 않고, 주문하지 않는 종류의 음식이 있을 수 있다.)

① 60   ② 65   ③ 70   ④ 75   ⑤ 80

[24010-0036]

6 $\sum\limits_{n=1}^{7} {}_6\mathrm{C}_{n-1}$의 값은?

① 32   ② 64   ③ 96   ④ 128   ⑤ 160

[24010-0037]

7 사과 46개를 서로 다른 7개의 상자에 남김없이 나누어 넣을 때, 각 상자에 사과를 6개 이상씩 나누어 넣는 경우의 수는? (단, 사과끼리는 서로 구별하지 않는다.)

① 210   ② 230   ③ 250   ④ 270   ⑤ 290

[24010-0038]

8 다항식 $(a+b+c)^5$의 전개식에서 서로 다른 항의 개수는?

① 21   ② 24   ③ 27   ④ 30   ⑤ 33

[24010−0039]

1 9 이하의 자연수 n에 대하여 9명의 학생 중에서 n명을 택하는 경우의 수를 $f(n)$이라 하자.
$f(5)+f(6)+f(7)+f(8)+f(9)$의 값은?

① 128　　　　② 256　　　　③ 384　　　　④ 512　　　　⑤ 640

[24010−0040]

2 세 종류의 꽃이 각각 7송이씩 있다. 이 21송이의 꽃 중에서 10송이를 택할 때, 세 종류의 꽃이 각각 1송이 이상씩 포함되도록 택하는 경우의 수는? (단, 같은 종류의 꽃끼리는 서로 구별하지 않는다.)

① 33　　　　② 34　　　　③ 35　　　　④ 36　　　　⑤ 37

[24010−0041]

3 $\left(3x+\dfrac{a}{2x}\right)^5$의 전개식에서 x^3의 계수가 x의 계수보다 크도록 하는 정수 a의 개수는?

① 1　　　　② 2　　　　③ 3　　　　④ 4　　　　⑤ 5

[24010−0042]

4 좌표평면에서 다음 조건을 만족시키는 서로 다른 두 점 $A(x_1, y_1)$, $B(x_2, y_2)$의 모든 순서쌍 (A, B)의 개수는?

> (가) 두 점의 x좌표와 y좌표는 모두 자연수이다.
> (나) $x_1 \le x_2 \le 4$, $y_1 \le y_2 \le 6$

① 162　　　　② 168　　　　③ 174　　　　④ 180　　　　⑤ 186

[24010-0043]

5 집합 $X=\{1,\ 2,\ 3,\ 4,\ 5,\ 6\}$에 대하여 다음 조건을 만족시키는 함수 $f:X\longrightarrow X$의 개수를 구하시오.

> (가) 5 이하의 모든 자연수 x에 대하여 $f(x)\leq f(x+1)$이다.
> (나) $f(x)=x^2-3$을 만족시키는 6 이하의 자연수 x가 존재한다.

[24010-0044]

6 같은 종류의 쿠키 26개를 서로 다른 종류의 선물 상자 5개에 남김없이 나누어 담을 때, 각 상자에 담는 쿠키의 개수가 2 이상 6 이하가 되도록 나누어 담는 경우의 수는?

① 62   ② 64   ③ 66   ④ 68   ⑤ 70

[24010-0045]

7 다음 조건을 만족시키는 정수 $x_1,\ x_2,\ x_3,\ x_4,\ x_5$의 모든 순서쌍 $(x_1,\ x_2,\ x_3,\ x_4,\ x_5)$의 개수를 구하시오.

> (가) $x_1\leq x_2\leq x_3\leq x_4\leq x_5$
> (나) $x_1\times x_5=8$

[24010-0046]

8 5 이상의 자연수 n에 대하여 다항식 $P(x)=(x+a)^n$이 있다. 다항식 $P(x)$의 전개식에서 x^3의 계수는 x^4의 계수의 $\dfrac{4}{5}$배이고, 다항식 $P(2x)$의 전개식에서 x^3의 계수는 x^5의 계수의 $\dfrac{1}{4}$배일 때, $a+n$의 값은?

(단, a는 $a\neq0$인 상수이다.)

① 6   ② 7   ③ 8   ④ 9   ⑤ 10

[24010-0047]

1 다음 조건을 만족시키는 12 이하의 자연수 a, b, c, d의 모든 순서쌍 (a, b, c, d)의 개수를 구하시오.

> (가) $b \times c \times d$는 홀수이다.
> (나) $a+b+c=d$

[24010-0048]

2 두 집합 $X=\{x \mid x$는 6 이하의 자연수$\}$, $Y=\{x \mid x$는 $-9 \leq x \leq 9$인 정수$\}$에 대하여 다음 조건을 만족시키는 함수 $f : X \longrightarrow Y$의 개수는?

> (가) 집합 X의 임의의 두 원소 x_1, x_2에 대하여 $x_1 < x_2$이면 $f(x_1)+2 \leq f(x_2)$이다.
> (나) $f(6)=f(3)+10$

① 525　　　　② 540　　　　③ 555　　　　④ 570　　　　⑤ 585

[24010-0049]

3 검은색 볼펜 5개, 빨간색 볼펜 3개, 파란색 볼펜 1개가 있다. 숫자 1, 2, 3, 4가 하나씩 적혀 있는 4개의 필통에 이 9개의 볼펜을 다음 조건을 만족시키도록 남김없이 나누어 넣는 경우의 수를 구하시오.

(단, 같은 색 볼펜끼리는 서로 구별하지 않는다.)

> (가) 파란색 볼펜을 넣지 않는 필통에는 검은색 볼펜을 1개 이상씩 넣는다.
> (나) 숫자 k $(k=1, 2, 3, 4)$가 적혀 있는 필통에 넣는 모든 볼펜의 개수를 S_k라 할 때, 4 이하의 임의의 두 자연수 m, n에 대하여 $|S_m-S_n| \leq 3$이다.

대표 기출 문제

출제경향 중복조합의 수를 이용하여 조건을 만족시키는 경우의 수를 구하는 문제, 방정식을 만족시키는 해의 순서쌍의 개수를 구하는 문제가 출제된다.

2022학년도 수능 6월 모의평가

빨간색 카드 4장, 파란색 카드 2장, 노란색 카드 1장이 있다. 이 7장의 카드를 세 명의 학생에게 남김없이 나누어 줄 때, 3가지 색의 카드를 각각 한 장 이상 받는 학생이 있도록 나누어 주는 경우의 수는?

(단, 같은 색 카드끼리는 서로 구별하지 않고, 카드를 받지 못하는 학생이 있을 수 있다.) [3점]

① 78　　　　　② 84　　　　　③ 90　　　　　④ 96　　　　　⑤ 102

출제 의도 〉 중복조합의 수를 이용하여 경우의 수를 구할 수 있는지를 묻는 문제이다.

풀이 ▶ 노란색 카드 1장은 3가지 색의 카드를 각각 한 장 이상 받는 학생에게 주어야 한다.
노란색 카드 1장을 받을 학생을 택하는 경우의 수는

$$_3C_1 = 3$$

이 학생에게 파란색 카드 1장을 먼저 주고, 나머지 파란색 카드 1장을 줄 학생을 택하는 경우의 수는

$$_3C_1 = 3$$

노란색 카드를 받은 학생에게 빨간색 카드 1장도 먼저 주고, 나머지 빨간색 카드 3장을 나누어 줄 학생을 택하는 경우의 수는

$$_3H_3 = {}_{3+3-1}C_3$$
$$= {}_5C_3 = {}_5C_2$$
$$= \frac{5 \times 4}{2 \times 1} = 10$$

따라서 구하는 경우의 수는

$$3 \times 3 \times 10 = 90$$

답 ③

03 확률의 뜻과 활용

1. 시행과 사건

(1) 시행

주사위나 동전을 던지는 것처럼 같은 조건에서 반복할 수 있고, 그 결과가 우연에 의하여 정해지는 실험이나 관찰을 시행이라고 한다.

(2) 사건

① 표본공간: 어떤 시행에서 일어날 수 있는 모든 결과의 집합을 표본공간이라고 한다.

② 사건: 표본공간의 부분집합을 사건이라고 한다.

③ 근원사건: 한 개의 원소로 이루어진 사건을 근원사건이라고 한다.

> **예** 한 개의 주사위를 한 번 던져서 나오는 눈의 수를 확인하는 시행에서
> ① 표본공간을 S라 하면 $S=\{1, 2, 3, 4, 5, 6\}$
> ② 홀수의 눈이 나오는 사건을 A라 하면 $A=\{1, 3, 5\}$
> ③ 근원사건은 $\{1\}$, $\{2\}$, $\{3\}$, $\{4\}$, $\{5\}$, $\{6\}$

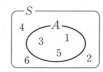

> **참고** 표본공간은 공집합이 아닌 경우만 생각한다.

2. 배반사건과 여사건

표본공간 S의 두 사건 A, B에 대하여

(1) 사건 A 또는 사건 B가 일어나는 사건을 $A \cup B$와 같이 나타낸다.

(2) 두 사건 A와 B가 동시에 일어나는 사건을 $A \cap B$와 같이 나타낸다.

(3) 배반사건: 두 사건 A와 B가 동시에 일어나지 않을 때, 즉

$$A \cap B = \varnothing$$

일 때, 두 사건 A와 B는 서로 배반사건이라고 한다.

(4) 여사건: 사건 A에 대하여 사건 A가 일어나지 않는 사건을 A의 여사건이라 하고, 기호로

$$A^c$$

과 같이 나타낸다.

이때 $A \cap A^c = \varnothing$이므로 사건 A와 그 여사건 A^c은 서로 배반사건이다.

> **예** 한 개의 주사위를 한 번 던지는 시행에서 홀수의 눈이 나오는 사건을 A, 3의 배수의 눈이 나오는 사건을 B, 4의 약수의 눈이 나오는 사건을 C라 하면
> $$A=\{1, 3, 5\}, \ B=\{3, 6\}, \ C=\{1, 2, 4\}$$
> ① $A \cup B=\{1, 3, 5, 6\}$, $A \cap B=\{3\}$
> ② $B \cap C=\varnothing$이므로 두 사건 B와 C는 서로 배반사건이다.
> ③ 사건 A의 여사건은 $A^c=\{2, 4, 6\}$이다.

예제 1 **배반사건과 여사건**

1부터 7까지의 자연수가 하나씩 적혀 있는 7장의 카드가 들어 있는 주머니가 있다. 이 주머니에서 임의로 한 장의 카드를 꺼내는 시행에서 이 시행의 표본공간을 S라 하고, 꺼낸 카드에 적혀 있는 수가 3의 배수인 사건을 A, 꺼낸 카드에 적혀 있는 수가 소수인 사건을 B라 하자. 표본공간 S의 사건 X가 다음 조건을 만족시킨다.

(가) 두 사건 A와 X는 서로 배반사건이다.
(나) 두 사건 B^C과 X는 서로 배반사건이 아니다.

$n(X)=2$일 때, 집합 X의 모든 원소의 합의 최댓값을 구하시오. (단, B^C은 B의 여사건이다.)

길잡이 두 사건 A와 B가 서로 배반사건이면 $A \cap B = \varnothing$임을 이용한다.

풀이 표본공간 S와 두 사건 A, B에 대하여

$\qquad S = \{1, 2, 3, 4, 5, 6, 7\}$, $A = \{3, 6\}$, $B = \{2, 3, 5, 7\}$

조건 (가)에서 두 사건 A와 X가 서로 배반사건이므로 $A \cap X = \varnothing$

즉, $X \subset A^C$

조건 (나)에서 두 사건 B^C과 X가 서로 배반사건이 아니므로 $B^C \cap X \neq \varnothing$

$A^C \cap B^C = \{1, 4\}$이므로 사건 X는 1, 4 중 적어도 하나를 포함하는 여사건 A^C의 부분집합이다.

$n(X)=2$이므로 $X = \{4, 7\}$일 때 집합 X의 모든 원소의 합이 최대이다.

따라서 집합 X의 모든 원소의 합의 최댓값은

$\qquad 4+7=11$

답 11

유제

정답과 **풀이** 12쪽

1
[24010-0050]
표본공간 $S = \{1, 2, 3, 4, 5, 6, 7\}$의 두 사건 A, B에 대하여 $A = \{1, 3, 5, 7\}$이다. 두 사건 A와 B^C이 서로 배반사건이 되도록 하는 사건 B의 개수는? (단, B^C은 B의 여사건이다.)

① 2 　　　　② 4 　　　　③ 8 　　　　④ 16 　　　　⑤ 32

2
[24010-0051]
1부터 10까지의 자연수가 하나씩 적혀 있는 10개의 공이 들어 있는 주머니가 있다. 이 주머니에서 임의로 한 개의 공을 꺼내는 시행에서 홀수가 적혀 있는 공이 나오는 사건을 A, 소수가 적혀 있는 공이 나오는 사건을 B, 4의 배수가 적혀 있는 공이 나오는 사건을 C라 할 때, **보기**에서 서로 배반사건인 것만을 있는 대로 고른 것은?

┌ **보기** ┐
ㄱ. A와 B 　　　　ㄴ. B와 C 　　　　ㄷ. C와 A

① ㄱ 　　　② ㄴ 　　　③ ㄷ 　　　④ ㄱ, ㄷ 　　　⑤ ㄴ, ㄷ

3. 확률의 뜻

(1) 확률

어떤 시행에서 사건 A가 일어날 가능성을 수로 나타낸 것을 사건 A가 일어날 확률이라 하고, 기호로

$$\mathrm{P}(A)$$

와 같이 나타낸다.

(2) 수학적 확률

표본공간이 S인 어떤 시행에서 각 근원사건이 일어날 가능성이 모두 같은 정도로 기대될 때, 표본공간 S의 사건 A가 일어날 확률 $\mathrm{P}(A)$를

$$\mathrm{P}(A)=\frac{n(A)}{n(S)}=\frac{(\text{사건 } A\text{의 원소의 개수})}{(\text{표본공간 } S\text{의 원소의 개수})}$$

로 정의하고, 이것을 사건 A가 일어날 수학적 확률이라고 한다.

> **예** 서로 다른 두 개의 주사위를 동시에 던질 때, 나온 두 눈의 수의 차가 2일 확률을 구해 보자.
>
> 서로 다른 두 개의 주사위를 동시에 던지는 시행에서 표본공간을 S라 하면
>
> $$S=\{(1,\,1),\,(1,\,2),\,\cdots,\,(6,\,6)\}$$
>
> 이므로
>
> $$n(S)=6\times6=36$$
>
> 나온 두 눈의 수의 차가 2인 사건을 A라 하면
>
> $$A=\{(1,\,3),\,(2,\,4),\,(3,\,1),\,(3,\,5),\,(4,\,2),\,(4,\,6),\,(5,\,3),\,(6,\,4)\}$$
>
> 이므로
>
> $$n(A)=8$$
>
> 따라서 구하는 확률 $\mathrm{P}(A)$는
>
> $$\mathrm{P}(A)=\frac{n(A)}{n(S)}=\frac{8}{36}=\frac{2}{9}$$

> **참고** 수학적 확률은 표본공간이 공집합이 아닌 유한집합인 경우에만 생각한다.

(3) 통계적 확률

같은 시행을 n번 반복할 때, 사건 A가 일어난 횟수를 r_n이라 하자. 이때 시행 횟수 n이 한없이 커짐에 따라 상대도수 $\dfrac{r_n}{n}$이 일정한 값 p에 가까워질 때, 이 값 p를 사건 A가 일어날 통계적 확률이라고 한다. 그런데 실제로 n의 값을 한없이 크게 할 수 없으므로 n이 충분히 클 때의 상대도수 $\dfrac{r_n}{n}$을 통계적 확률로 생각한다.

> **참고** 일반적으로 사건 A가 일어날 수학적 확률이 p일 때, 시행 횟수 n을 충분히 크게 하면 사건 A가 일어나는 상대도수 $\dfrac{r_n}{n}$은 수학적 확률 p에 가까워진다.

예제 2 **수학적 확률**

숫자 1, 2, 3, 4, 5, 6 중에서 중복을 허락하여 4개를 택해 일렬로 나열하여 만들 수 있는 모든 네 자리의 자연수 중에서 임의로 하나의 수를 택할 때, 택한 수의 백의 자리의 수가 일의 자리의 수보다 클 확률은?

① $\dfrac{1}{4}$　　　② $\dfrac{1}{3}$　　　③ $\dfrac{5}{12}$　　　④ $\dfrac{1}{2}$　　　⑤ $\dfrac{7}{12}$

길잡이 표본공간 S의 사건 A가 일어날 수학적 확률 $\mathrm{P}(A)$는

$$\mathrm{P}(A)=\frac{n(A)}{n(S)}=\frac{(\text{사건 } A\text{의 원소의 개수})}{(\text{표본공간 } S\text{의 원소의 개수})}$$

임을 이용한다.

풀이 숫자 1, 2, 3, 4, 5, 6 중에서 중복을 허락하여 4개를 택해 일렬로 나열하여 만들 수 있는 모든 네 자리의 자연수의 개수는

$$_6\Pi_4=6^4$$

백의 자리의 수가 일의 자리의 수보다 크므로 백의 자리의 수와 일의 자리의 수를 택하는 경우의 수는

$$_6C_2=\frac{6\times5}{2\times1}=15$$

이때 택한 두 수 중 큰 수가 백의 자리의 수이다.

천의 자리의 수와 십의 자리의 수를 택하는 경우의 수는

$$_6\Pi_2=6^2$$

따라서 구하는 확률은

$$\frac{15\times6^2}{6^4}=\frac{5}{12}$$

답 ③

유제

정답과 풀이 12쪽

3
[24010-0052]

여학생 5명, 남학생 6명 중에서 임의로 4명을 뽑을 때, 여학생 1명, 남학생 3명이 뽑힐 확률은?

① $\dfrac{8}{33}$　　　② $\dfrac{3}{11}$　　　③ $\dfrac{10}{33}$　　　④ $\dfrac{1}{3}$　　　⑤ $\dfrac{4}{11}$

4
[24010-0053]

한 개의 주사위를 두 번 던져서 나오는 눈의 수를 차례로 a, b라 할 때, 직선 $y=-\dfrac{4}{3}x+a$가 원 $(x-a)^2+(y-b)^2=9$와 만날 확률은?

① $\dfrac{5}{12}$　　　② $\dfrac{1}{2}$　　　③ $\dfrac{7}{12}$　　　④ $\dfrac{2}{3}$　　　⑤ $\dfrac{3}{4}$

4. 확률의 기본 성질

표본공간이 S인 어떤 시행에서

(1) 임의의 사건 A에 대하여 $0 \leq P(A) \leq 1$

(2) 반드시 일어나는 사건 S에 대하여 $P(S)=1$

(3) 절대로 일어나지 않는 사건 $\varnothing$에 대하여 $P(\varnothing)=0$

참고 어떤 시행에서 표본공간 S의 각 근원사건이 일어날 가능성이 모두 같은 정도로 기대될 때, 임의의 사건 A에 대하여 $\varnothing \subset A \subset S$이므로

$$0 \leq n(A) \leq n(S)$$

이 부등식의 각 변을 $n(S)$로 나누면

$$0 \leq \frac{n(A)}{n(S)} \leq 1, \text{ 즉 } 0 \leq P(A) \leq 1$$

특히 반드시 일어나는 사건 S에 대하여 $P(S)=\dfrac{n(S)}{n(S)}=1$이고,

절대로 일어나지 않는 사건 $\varnothing$에 대하여 $n(\varnothing)=0$이므로 $P(\varnothing)=\dfrac{n(\varnothing)}{n(S)}=0$이다.

5. 확률의 덧셈정리

표본공간 S의 두 사건 A, B에 대하여 사건 A 또는 사건 B가 일어날 확률은

$$P(A \cup B)=P(A)+P(B)-P(A \cap B)$$

특히 두 사건 A와 B가 서로 배반사건이면

$$P(A \cup B)=P(A)+P(B)$$

설명 표본공간 S의 각 근원사건이 일어날 가능성이 모두 같은 정도로 기대될 때, 두 사건 A와 B에 대하여

$$n(A \cup B)=n(A)+n(B)-n(A \cap B)$$

이 등식의 양변을 $n(S)$로 나누면

$$\frac{n(A \cup B)}{n(S)}=\frac{n(A)}{n(S)}+\frac{n(B)}{n(S)}-\frac{n(A \cap B)}{n(S)}$$

$$P(A \cup B)=P(A)+P(B)-P(A \cap B)$$

특히 두 사건 A와 B가 서로 배반사건, 즉 $A \cap B=\varnothing$이면 $P(A \cap B)=0$이므로

$$P(A \cup B)=P(A)+P(B)$$

예 1부터 20까지의 자연수가 하나씩 적혀 있는 20장의 카드가 들어 있는 주머니가 있다. 이 주머니에서 임의로 카드 1장을 꺼낼 때, 꺼낸 카드에 적힌 수가 3의 배수 또는 4의 배수일 확률을 구해 보자.

이 주머니에서 임의로 카드 1장을 꺼낼 때, 꺼낸 카드에 적힌 수가 3의 배수인 사건을 A, 4의 배수인 사건을 B라 하면 사건 $A \cap B$는 꺼낸 카드에 적힌 수가 12의 배수인 사건이므로

$$P(A)=\frac{6}{20}=\frac{3}{10}, P(B)=\frac{5}{20}=\frac{1}{4}, P(A \cap B)=\frac{1}{20}$$

따라서 구하는 확률은 확률의 덧셈정리에 의하여

$$P(A \cup B)=P(A)+P(B)-P(A \cap B)=\frac{3}{10}+\frac{1}{4}-\frac{1}{20}=\frac{1}{2}$$

1부터 7까지의 자연수가 하나씩 적혀 있는 7장의 카드가 들어 있는 주머니가 있다. 이 주머니에서 임의로 3장의 카드를 동시에 꺼낼 때, 꺼낸 카드에 적혀 있는 세 수 중에서 가장 작은 수가 짝수이거나 가장 큰 수가 3의 배수일 확률은?

① $\dfrac{1}{7}$ ② $\dfrac{2}{7}$ ③ $\dfrac{3}{7}$ ④ $\dfrac{4}{7}$ ⑤ $\dfrac{5}{7}$

길잡이 두 사건 A, B에 대하여 사건 A 또는 사건 B가 일어날 확률은 확률의 덧셈정리
$$P(A \cup B) = P(A) + P(B) - P(A \cap B)$$
를 이용하여 구한다.

풀이 이 주머니에서 3장의 카드를 동시에 꺼내는 경우의 수는
$$_7C_3 = \frac{7 \times 6 \times 5}{3 \times 2 \times 1} = 35$$

꺼낸 카드에 적혀 있는 세 수 중에서 가장 작은 수가 짝수인 사건을 A, 가장 큰 수가 3의 배수인 사건을 B라 하면 사건 $A \cap B$는 가장 작은 수가 짝수이고 가장 큰 수가 3의 배수인 사건이다.

가장 작은 수가 짝수인 경우의 수는 3, 4, 5, 6, 7이 적힌 카드 중 2장과 2가 적힌 카드를 꺼내거나 5, 6, 7이 적힌 카드 중 2장과 4가 적힌 카드를 꺼내는 경우의 수와 같으므로
$$_5C_2 + {}_3C_2 = 10 + 3 = 13$$

그러므로 $P(A) = \dfrac{13}{35}$

가장 큰 수가 3의 배수인 경우의 수는 1, 2, 3이 적힌 카드를 꺼내거나 1, 2, 3, 4, 5가 적힌 카드 중 2장과 6이 적힌 카드를 꺼내는 경우의 수와 같으므로
$$1 + {}_5C_2 = 1 + 10 = 11$$

그러므로 $P(B) = \dfrac{11}{35}$

가장 작은 수가 짝수이고 가장 큰 수가 3의 배수인 경우의 수는 3, 4, 5가 적힌 카드 중 1장과 2, 6이 적힌 카드를 꺼내거나 4, 5, 6이 적힌 카드를 꺼내는 경우의 수와 같으므로
$$_3C_1 + 1 = 3 + 1 = 4$$

그러므로 $P(A \cap B) = \dfrac{4}{35}$

따라서 구하는 확률은 확률의 덧셈정리에 의하여
$$P(A \cup B) = P(A) + P(B) - P(A \cap B)$$
$$= \frac{13}{35} + \frac{11}{35} - \frac{4}{35} = \frac{4}{7}$$

답 ④

유제

정답과 풀이 13쪽

5
[24010-0054]

숫자 1, 2, 3, 4, 5 중에서 서로 다른 3개를 택해 일렬로 나열하여 만들 수 있는 모든 세 자리의 자연수 중에서 임의로 하나를 택할 때, 택한 수가 홀수 또는 3의 배수일 확률은?

① $\dfrac{7}{10}$ ② $\dfrac{11}{15}$ ③ $\dfrac{23}{30}$ ④ $\dfrac{4}{5}$ ⑤ $\dfrac{5}{6}$

6. 여사건의 확률

(1) 사건 A와 그 여사건 A^C에 대하여

$$\mathrm{P}(A^C) = 1 - \mathrm{P}(A)$$

(2) 두 사건 A, B와 그 각각의 여사건 A^C, B^C에 대하여

① $\mathrm{P}(A^C \cap B^C) = 1 - \mathrm{P}(A \cup B)$

② $\mathrm{P}(A^C \cup B^C) = 1 - \mathrm{P}(A \cap B)$

[설명] (1) 표본공간 S의 사건 A에 대하여 사건 A와 그 여사건 A^C은 서로 배반사건이므로 확률의 덧셈정리에 의하여

$$\mathrm{P}(A \cup A^C) = \mathrm{P}(A) + \mathrm{P}(A^C)$$

이때 $\mathrm{P}(A \cup A^C) = \mathrm{P}(S) = 1$이므로

$\mathrm{P}(A) + \mathrm{P}(A^C) = 1$, 즉 $\mathrm{P}(A^C) = 1 - \mathrm{P}(A)$

가 성립한다.

(2) 드모르간의 법칙에 의하여

$$A^C \cap B^C = (A \cup B)^C, \ A^C \cup B^C = (A \cap B)^C$$

이므로 여사건의 확률에 의하여

$$\mathrm{P}(A^C \cap B^C) = \mathrm{P}((A \cup B)^C) = 1 - \mathrm{P}(A \cup B)$$
$$\mathrm{P}(A^C \cup B^C) = \mathrm{P}((A \cap B)^C) = 1 - \mathrm{P}(A \cap B)$$

[예1] 흰 공 3개, 검은 공 4개가 들어 있는 주머니에서 임의로 3개의 공을 동시에 꺼낼 때, 꺼낸 공 중 흰 공의 개수가 1 이상일 확률을 구해 보자.

이 주머니에서 임의로 3개의 공을 동시에 꺼낼 때, 꺼낸 공 중 흰 공의 개수가 1 이상인 사건을 A라 하면 그 여사건 A^C은 꺼낸 공이 모두 검은 공인 사건이므로

$$\mathrm{P}(A^C) = \frac{{}_4\mathrm{C}_3}{{}_7\mathrm{C}_3} = \frac{4}{35}$$

따라서 구하는 확률은

$$\mathrm{P}(A) = 1 - \mathrm{P}(A^C) = 1 - \frac{4}{35} = \frac{31}{35}$$

[예2] 한 개의 주사위를 한 번 던질 때, 나온 눈의 수가 짝수가 아니거나 소수가 아닐 확률을 구해 보자.

한 개의 주사위를 한 번 던져서 나온 눈의 수가 짝수인 사건을 A, 소수인 사건을 B라 하면 나온 눈의 수가 짝수가 아니거나 소수가 아닌 사건은 $A^C \cup B^C$이므로 구하는 확률은

$$\mathrm{P}(A^C \cup B^C) = 1 - \mathrm{P}(A \cap B)$$
$$= 1 - \frac{1}{6} = \frac{5}{6}$$

[참고] 일반적으로 '적어도 ~일 확률', '~ 이상일 확률', '~ 이하일 확률', '~가 아닐 확률' 등을 구할 때는 여사건의 확률을 이용하면 편리한 경우가 많다.

어느 고등학교에 서로 다른 6개의 수학 동아리가 있다. 두 학생 A, B가 각각 이 6개의 수학 동아리 중에서 임의로 2개씩 선택할 때, A, B가 선택한 수학 동아리 중에서 적어도 한 개가 같을 확률은?

① $\dfrac{2}{5}$ ② $\dfrac{7}{15}$ ③ $\dfrac{8}{15}$ ④ $\dfrac{3}{5}$ ⑤ $\dfrac{2}{3}$

길잡이   사건 A와 그 여사건 A^C에 대하여

$$\mathrm{P}(A)=1-\mathrm{P}(A^C)$$

임을 이용하여 구한다.

풀이   A, B가 각각 6개의 수학 동아리 중에서 2개씩 선택하는 경우의 수는

$$_6\mathrm{C}_2 \times {}_6\mathrm{C}_2 = 15 \times 15 = 225$$

A, B가 선택한 수학 동아리 중에서 적어도 한 개가 같은 사건을 E라 하면 E의 여사건 E^C은 A, B가 선택한 수학 동아리가 모두 다른 사건이다.

A, B가 선택한 수학 동아리가 모두 다른 경우의 수는 A가 6개의 수학 동아리 중에서 2개를 선택하고 B가 나머지 4개의 수학 동아리 중에서 2개를 선택하는 경우의 수와 같으므로

$$_6\mathrm{C}_2 \times {}_4\mathrm{C}_2 = 15 \times 6 = 90$$

그러므로 $\mathrm{P}(E^C)=\dfrac{90}{225}=\dfrac{2}{5}$

따라서 구하는 확률은

$$\mathrm{P}(E)=1-\mathrm{P}(E^C)=1-\dfrac{2}{5}=\dfrac{3}{5}$$

답 ④

유제   **정답**과 **풀이** 13쪽

6
[24010-0055]
1부터 12까지의 자연수 중에서 임의로 서로 다른 2개의 수를 선택할 때, 선택된 2개의 수 중 적어도 하나가 8 이상의 짝수일 확률은?

① $\dfrac{1}{11}$ ② $\dfrac{2}{11}$ ③ $\dfrac{3}{11}$ ④ $\dfrac{4}{11}$ ⑤ $\dfrac{5}{11}$

7
[24010-0056]
어느 학급의 22명의 학생은 아침 자율학습 시간에 독서, 문학, 언어와 매체 중에서 하나씩 선택하여 공부하기로 하였다. 이 22명의 학생의 선택 결과는 오른쪽 표와 같다. 이 22명의 학생 중에서 임의로 3명을 선택할 때, 적어도 한 명이 독서를 선택한 학생일 확률은?

(단위 : 명)

독서	문학	언어와 매체
10	7	5

① $\dfrac{2}{7}$ ② $\dfrac{3}{7}$ ③ $\dfrac{4}{7}$ ④ $\dfrac{5}{7}$ ⑤ $\dfrac{6}{7}$

[24010–0057]

1 한 개의 주사위를 두 번 던져서 나오는 눈의 수를 차례로 a, b라 할 때, $|2a-b|=a$일 확률은?

① $\dfrac{1}{9}$ ② $\dfrac{1}{6}$ ③ $\dfrac{2}{9}$ ④ $\dfrac{5}{18}$ ⑤ $\dfrac{1}{3}$

[24010–0058]

2 서로 다른 탄산 음료 5병과 서로 다른 이온 음료 3병 중에서 임의로 3병의 음료를 동시에 택할 때, 택한 3병의 음료 중 이온 음료가 2병일 확률은?

① $\dfrac{11}{56}$ ② $\dfrac{13}{56}$ ③ $\dfrac{15}{56}$ ④ $\dfrac{17}{56}$ ⑤ $\dfrac{19}{56}$

[24010–0059]

3 두 사건 A와 B는 서로 배반사건이고

$$\mathrm{P}(A)=\frac{1}{6},\ \mathrm{P}(A\cup B)=\frac{3}{4}$$

일 때, $\mathrm{P}(B)$의 값은?

① $\dfrac{1}{3}$ ② $\dfrac{5}{12}$ ③ $\dfrac{1}{2}$ ④ $\dfrac{7}{12}$ ⑤ $\dfrac{2}{3}$

[24010–0060]

4 세 학생 A, B, C를 포함한 6명의 학생이 임의로 일렬로 설 때, A와 B는 이웃하고 B와 C는 이웃하지 않을 확률은?

① $\dfrac{1}{15}$ ② $\dfrac{2}{15}$ ③ $\dfrac{1}{5}$ ④ $\dfrac{4}{15}$ ⑤ $\dfrac{1}{3}$

[24010-0061]

5 딸기맛 사탕 4개와 포도맛 사탕 6개가 들어 있는 상자에서 임의로 2개의 사탕을 동시에 꺼낼 때, 꺼낸 2개의 사탕이 서로 같은 맛 사탕일 확률은?

① $\dfrac{2}{5}$ ② $\dfrac{7}{15}$ ③ $\dfrac{8}{15}$ ④ $\dfrac{3}{5}$ ⑤ $\dfrac{2}{3}$

[24010-0062]

6 두 학생 A, B를 포함한 9명의 학생 중에서 임의로 대표 3명을 정할 때, A 또는 B가 대표일 확률은?

① $\dfrac{1}{2}$ ② $\dfrac{7}{12}$ ③ $\dfrac{2}{3}$ ④ $\dfrac{3}{4}$ ⑤ $\dfrac{5}{6}$

[24010-0063]

7 여학생 3명과 남학생 5명이 모두 발표하도록 발표 순서를 정할 때, 2명 이상의 여학생이 연이어 발표하는 순서로 정해질 확률은? (단, 발표는 한 명씩 하고, 모든 학생은 1회만 발표한다.)

① $\dfrac{5}{14}$ ② $\dfrac{3}{7}$ ③ $\dfrac{1}{2}$ ④ $\dfrac{4}{7}$ ⑤ $\dfrac{9}{14}$

[24010-0064]

8 1부터 9까지의 자연수가 하나씩 적혀 있는 9장의 카드가 들어 있는 주머니가 있다. 이 주머니에서 임의로 3장의 카드를 동시에 꺼낼 때, 꺼낸 3장의 카드에 적힌 숫자 중 적어도 한 개가 소수일 확률은?

① $\dfrac{31}{42}$ ② $\dfrac{11}{14}$ ③ $\dfrac{5}{6}$ ④ $\dfrac{37}{42}$ ⑤ $\dfrac{13}{14}$

[24010–0065]

1 두 개의 문자 A, B와 4개의 숫자 1, 1, 1, 2를 모두 한 번씩 사용하여 일렬로 임의로 나열할 때, A, B 사이에
두 개의 숫자만 오도록 나열될 확률은?

① $\dfrac{1}{10}$ ② $\dfrac{1}{5}$ ③ $\dfrac{3}{10}$ ④ $\dfrac{2}{5}$ ⑤ $\dfrac{1}{2}$

[24010–0066]

2 그림과 같이 숫자 1, 2, 3, 4, 5가 적혀 있는 5개의 의자가 있다. 세 사람 A, B, C가 이 5개의 의자 중 임의로
3개의 의자에 각각 앉을 때, A, B가 앉은 의자에 적혀 있는 두 수의 합이 C가 앉은 의자에 적혀 있는 수 이하
일 확률은?

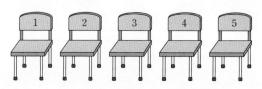

① $\dfrac{1}{6}$ ② $\dfrac{1}{5}$ ③ $\dfrac{7}{30}$ ④ $\dfrac{4}{15}$ ⑤ $\dfrac{3}{10}$

[24010–0067]

3 집합 $X=\{1,\ 2,\ 3,\ 4\}$에 대하여 X에서 X로의 모든 함수 f 중에서 임의로 하나를 선택할 때, 선택한 함수
f가 다음 조건을 만족시킬 확률은 $\dfrac{q}{p}$이다. $p+q$의 값을 구하시오. (단, p와 q는 서로소인 자연수이다.)

> 집합 X의 모든 원소 x에 대하여 $\{x-f(3)\}\{f(x)-3\}\leq0$이다.

[24010–0068]

4 1부터 8까지의 자연수 중에서 임의로 서로 다른 3개를 택해 임의로 일렬로 나열할 때, 이웃하는 두 수의 곱이
모두 3의 배수일 확률은?

① $\dfrac{5}{28}$ ② $\dfrac{3}{14}$ ③ $\dfrac{1}{4}$ ④ $\dfrac{2}{7}$ ⑤ $\dfrac{9}{28}$

[24010–0069]

5 7개의 문자 a, a, b, b, c, c, c를 임의로 모두 일렬로 나열할 때, a끼리 이웃하거나 b끼리 이웃할 확률은?

① $\dfrac{3}{7}$ ② $\dfrac{10}{21}$ ③ $\dfrac{11}{21}$ ④ $\dfrac{4}{7}$ ⑤ $\dfrac{13}{21}$

[24010–0070]

6 집합 $\{1, 2, 3, 4, 5, 6\}$의 공집합이 아닌 모든 부분집합 63개 중에서 임의로 하나를 선택할 때, 선택한 집합 X가 다음 조건을 만족시킬 확률은?

> 집합 X의 원소의 개수가 3이거나 집합 X의 모든 원소는 홀수이다.

① $\dfrac{22}{63}$ ② $\dfrac{8}{21}$ ③ $\dfrac{26}{63}$ ④ $\dfrac{4}{9}$ ⑤ $\dfrac{10}{21}$

[24010–0071]

7 남학생 4명과 여학생 3명이 원 모양의 탁자에 일정한 간격을 두고 임의로 모두 둘러앉을 때, 모든 여학생의 옆에는 적어도 한 명의 남학생이 앉게 될 확률은?

① $\dfrac{2}{5}$ ② $\dfrac{1}{2}$ ③ $\dfrac{3}{5}$

④ $\dfrac{7}{10}$ ⑤ $\dfrac{4}{5}$

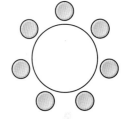

[24010–0072]

8 그림과 같이 위층에 1개의 칸과 아래층에 5개의 칸이 있는 진열장에 위층의 칸에 가방이, 아래층의 왼쪽에서 1번째 칸, 2번째 칸에 각각 가방 A, B가 진열되어 있다. A, B를 꺼내어 새로운 서로 다른 가방 3개를 포함한 5개의 가방을 아래층의 5개의 칸에 임의로 모두 하나씩 진열할 때, A, B가 모두 처음 진열되었던 칸이 아닌 칸에 진열될 확률은?

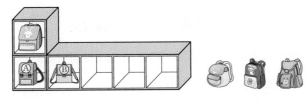

① $\dfrac{11}{20}$ ② $\dfrac{3}{5}$ ③ $\dfrac{13}{20}$ ④ $\dfrac{7}{10}$ ⑤ $\dfrac{3}{4}$

[24010–0073]

1 두 집합 $X=\{1,\ 2,\ 3,\ 4\}$, $Y=\{1,\ 2,\ 3,\ 4,\ 5,\ 6\}$에 대하여 X에서 Y로의 모든 함수 f 중에서 임의로 하나를 선택할 때, 선택한 함수 f가 다음 조건을 만족시킬 확률은?

> (가) 함수 f의 치역의 원소의 개수는 3이다.
> (나) $f(1)<f(2)$

① $\dfrac{7}{36}$
② $\dfrac{23}{108}$
③ $\dfrac{25}{108}$
④ $\dfrac{1}{4}$
⑤ $\dfrac{29}{108}$

[24010–0074]

2 그림과 같이 3개의 동전은 앞면이 보이도록, 1개의 동전은 뒷면이 보이도록 탁자 위에 놓여 있다.

탁자 위의 4개의 동전 중 임의로 서로 다른 3개를 택하여 동시에 뒤집는 시행을 한다. 이 시행을 3번 반복할 때, 3번째 시행 후 처음으로 4개의 동전이 모두 같은 면이 보이도록 놓여 있을 확률은?

① $\dfrac{1}{8}$
② $\dfrac{3}{16}$
③ $\dfrac{1}{4}$
④ $\dfrac{5}{16}$
⑤ $\dfrac{3}{8}$

[24010–0075]

3 흰 공 4개와 검은 공 6개를 임의로 모두 일렬로 나열할 때, 왼쪽에서 첫 번째 흰 공과 두 번째 흰 공 사이에 놓인 검은 공의 개수를 m, 세 번째 흰 공과 네 번째 흰 공 사이에 놓인 검은 공의 개수를 n이라 하자. 그림은 $m=1$, $n=3$이 되도록 10개의 공을 일렬로 나열한 예이다.

흰 공 4개와 검은 공 6개를 임의로 모두 일렬로 나열할 때, mn의 값이 0 또는 짝수일 확률은 $\dfrac{q}{p}$이다. $p+q$의 값을 구하시오. (단, p와 q는 서로소인 자연수이다.)

대표 기출 문제

2023학년도 수능

주머니에 1이 적힌 흰 공 1개, 2가 적힌 흰 공 1개, 1이 적힌 검은 공 1개, 2가 적힌 검은 공 3개가 들어 있다. 이 주머니에서 임의로 3개의 공을 동시에 꺼내는 시행을 한다. 이 시행에서 꺼낸 3개의 공 중에서 흰 공이 1개이고 검은 공이 2개인 사건을 A, 꺼낸 3개의 공에 적혀 있는 수를 모두 곱한 값이 8인 사건을 B라 할 때, $P(A \cup B)$의 값은? [3점]

① $\dfrac{11}{20}$ ② $\dfrac{3}{5}$ ③ $\dfrac{13}{20}$ ④ $\dfrac{7}{10}$ ⑤ $\dfrac{3}{4}$

출제 의도 확률의 덧셈정리를 이용하여 조건을 만족시키는 확률을 구할 수 있는지를 묻는 문제이다.

풀이 (i) A는 흰 공 1개와 검은 공 2개가 나오는 사건이므로

$$P(A) = \frac{{}_2C_1 \times {}_4C_2}{{}_6C_3} = \frac{2 \times \dfrac{4 \times 3}{2 \times 1}}{\dfrac{6 \times 5 \times 4}{3 \times 2 \times 1}} = \frac{12}{20} = \frac{3}{5}$$

(ii) B는 2가 적혀 있는 공이 3개 나오는 사건이므로

$$P(B) = \frac{{}_4C_3}{{}_6C_3} = \frac{4}{20} = \frac{1}{5}$$

(iii) $A \cap B$는 2가 적혀 있는 흰 공 1개와 2가 적혀 있는 검은 공 2개가 나오는 사건이므로

$$P(A \cap B) = \frac{{}_1C_1 \times {}_3C_2}{{}_6C_3} = \frac{1 \times 3}{20} = \frac{3}{20}$$

(i), (ii), (iii)에서 확률의 덧셈정리에 의하여

$$P(A \cup B) = P(A) + P(B) - P(A \cap B) = \frac{3}{5} + \frac{1}{5} - \frac{3}{20} = \frac{13}{20}$$

답 ③

04 조건부확률

1. 조건부확률

(1) 조건부확률의 뜻

표본공간 S의 두 사건 A, B에 대하여 확률이 0이 아닌 사건 A가 일어났다고 가정할 때 사건 B가 일어날 확률을 사건 A가 일어났을 때의 사건 B의 조건부확률이라 하고, 기호로

$$P(B|A)$$

와 같이 나타낸다.

(2) 조건부확률의 계산

사건 A가 일어났을 때의 사건 B의 조건부확률은

$$P(B|A) = \frac{P(A \cap B)}{P(A)} \ (\text{단, } P(A) > 0)$$

설명 어떤 시행에서 표본공간 S의 각 근원사건이 일어날 가능성이 모두 같은 정도로 기대될 때, 표본공간 S의 두 사건 A, B에 대하여 조건부확률 $P(B|A)$는 사건 A를 새로운 표본공간으로 하여 사건 B, 즉 사건 $A \cap B$가 일어날 확률이므로

$$P(B|A) = \frac{n(A \cap B)}{n(A)}$$

이 등식의 우변의 분모와 분자를 각각 $n(S)$로 나누면

$$P(B|A) = \frac{\dfrac{n(A \cap B)}{n(S)}}{\dfrac{n(A)}{n(S)}} = \frac{P(A \cap B)}{P(A)}$$

예 한 개의 주사위를 한 번 던져서 나온 눈의 수가 홀수일 때, 그 수가 소수일 확률을 구해 보자.

한 개의 주사위를 한 번 던지는 시행에서 표본공간을 S, 홀수의 눈이 나오는 사건을 A, 소수의 눈이 나오는 사건을 B라 하면

$$S = \{1, 2, 3, 4, 5, 6\}, \ A = \{1, 3, 5\}, \ B = \{2, 3, 5\}, \ A \cap B = \{3, 5\}$$

이므로

$$P(A) = \frac{n(A)}{n(S)} = \frac{3}{6} = \frac{1}{2}$$

$$P(A \cap B) = \frac{n(A \cap B)}{n(S)} = \frac{2}{6} = \frac{1}{3}$$

따라서 사건 A가 일어났을 때의 사건 B의 조건부확률은

$$P(B|A) = \frac{P(A \cap B)}{P(A)} = \frac{\dfrac{1}{3}}{\dfrac{1}{2}} = \frac{2}{3}$$

[다른 풀이] $n(A) = 3$, $n(A \cap B) = 2$이므로

$$P(B|A) = \frac{n(A \cap B)}{n(A)} = \frac{2}{3}$$

한 개의 주사위를 m번 던져서 $n(1 \leq n \leq m)$번째 나오는 눈의 수를 a_n이라 하고, 수열 $\{b_n\}$을

$$b_n = \begin{cases} 2^{a_n} & (a_n \text{은 홀수}) \\ 3^{a_n} & (a_n \text{은 짝수}) \end{cases}$$

라 하자. 한 개의 주사위를 4번 던지는 시행에서 $b_1 \times b_2 \times b_3 \times b_4 = 6^6$일 때, 5의 눈이 나왔을 확률은?

① $\dfrac{1}{6}$ ② $\dfrac{1}{3}$ ③ $\dfrac{1}{2}$ ④ $\dfrac{2}{3}$ ⑤ $\dfrac{5}{6}$

길잡이 사건 A가 일어났을 때의 사건 B의 조건부확률은 $P(B|A) = \dfrac{P(A \cap B)}{P(A)}$ $(P(A) > 0)$임을 이용한다.

풀이 한 개의 주사위를 4번 던질 때 나오는 경우의 수는 6^4

$b_1 \times b_2 \times b_3 \times b_4 = 6^6$인 사건을 A, 5의 눈이 나오는 사건을 B라 하면 구하는 확률은 $P(B|A)$이다.

$b_1 \times b_2 \times b_3 \times b_4 = 2^6 \times 3^6$이므로 a_1, a_2, a_3, a_4의 값 중 홀수인 것의 합이 6이고 짝수인 것의 합이 6이다. 이때 홀수인 것의 개수는 1 이상 3 이하이어야 한다.

$6 = 5 + 1 = 3 + 3$이므로 다음의 두 가지가 있다.

(i) 5의 눈이 한 번, 1의 눈이 한 번 나오는 경우

a_1, a_2, a_3, a_4의 값 중 짝수인 것이 2개이어야 하므로 $6 = 4 + 2$에서 a_1, a_2, a_3, a_4의 값은 5, 1, 4, 2를 배열한 것과 같다. 이때의 경우의 수는 $4! = 24$

(ii) 3의 눈이 두 번 나오는 경우

a_1, a_2, a_3, a_4의 값 중 짝수인 것이 2개이어야 하므로 $6 = 4 + 2$에서 a_1, a_2, a_3, a_4의 값은 3, 3, 4, 2를 배열한 것과 같다. 이때의 경우의 수는 $\dfrac{4!}{2!} = 12$

(i), (ii)에서 $P(A) = \dfrac{24 + 12}{6^4} = \dfrac{1}{36}$

사건 $A \cap B$는 $b_1 \times b_2 \times b_3 \times b_4 = 6^6$이고 5의 눈이 나오는 사건이므로 $P(A \cap B) = \dfrac{24}{6^4} = \dfrac{1}{54}$

따라서 구하는 확률은

$$P(B|A) = \frac{P(A \cap B)}{P(A)} = \frac{\dfrac{1}{54}}{\dfrac{1}{36}} = \frac{2}{3}$$

답 ④

유제

정답과 풀이 19쪽

1

[24010-0076]

어느 단체의 회원 50명 중 남자 회원 30명과 여자 회원 20명은 각각 두 오피스 프로그램 E와 H 중 하나를 사용하고 있고, 두 오피스 프로그램을 사용하는 회원의 수는 표와 같다. 이 단체의 회원 50명 중에서 임의로 선택한 한 회원이 여자일 때, 이 회원이 사용하는 오피스 프로그램이 H일 확률은?

(단위 : 명)

	남자	여자	합계
E	18	8	26
H	12	12	24
합계	30	20	50

① $\dfrac{1}{5}$ ② $\dfrac{3}{10}$ ③ $\dfrac{2}{5}$ ④ $\dfrac{1}{2}$ ⑤ $\dfrac{3}{5}$

2. 확률의 곱셈정리

(1) 확률의 곱셈정리

두 사건 A, B에 대하여

$$P(A \cap B) = P(A)P(B|A) = P(B)P(A|B) \ (단, \ P(A)>0, \ P(B)>0)$$

설명 $P(A)>0$일 때, 사건 A가 일어났을 때의 사건 B의 조건부확률은

$$P(B|A) = \frac{P(A \cap B)}{P(A)} \quad \cdots\cdots \ \text{㉠}$$

이므로 ㉠의 양변에 $P(A)$를 곱하면

$$P(A \cap B) = P(A)P(B|A)$$

마찬가지로 $P(B)>0$일 때, 사건 B가 일어났을 때의 사건 A의 조건부확률은

$$P(A|B) = \frac{P(A \cap B)}{P(B)} \quad \cdots\cdots \ \text{㉡}$$

이므로 ㉡의 양변에 $P(B)$를 곱하면

$$P(A \cap B) = P(B)P(A|B)$$

따라서 $P(A \cap B) = P(A)P(B|A) = P(B)P(A|B)$가 성립한다.

예 흰 공 3개와 검은 공 4개가 들어 있는 주머니에서 임의로 공을 한 개씩 두 번 꺼낸다. 꺼낸 공을 주머니에 다시 넣지 않을 때, 꺼낸 공이 모두 흰 공일 확률을 구해 보자.

첫 번째 꺼낸 공이 흰 공인 사건을 A, 두 번째 꺼낸 공이 흰 공인 사건을 B라 하면

$$P(A) = \frac{3}{7}, \ P(B|A) = \frac{2}{6} = \frac{1}{3}$$

따라서 구하는 확률은

$$P(A \cap B) = P(A)P(B|A) = \frac{3}{7} \times \frac{1}{3} = \frac{1}{7}$$

(2) 확률의 곱셈정리의 활용

두 사건 A, B에 대하여

$$P(A) = P(B)P(A|B) + P(B^C)P(A|B^C) \ (단, \ 0<P(B)<1)$$

설명 두 사건 A, B에 대하여

$$A = (A \cap B) \cup (A \cap B^C)$$

이고, 두 사건 $A \cap B$와 $A \cap B^C$은 서로 배반사건이므로 확률의 덧셈정리에 의하여

$$P(A) = P(A \cap B) + P(A \cap B^C)$$

이때 $0<P(B)<1$이면 $0<P(B^C)<1$이므로 확률의 곱셈정리에 의하여

$$P(A \cap B) = P(B)P(A|B), \ P(A \cap B^C) = P(B^C)P(A|B^C)$$

따라서 $P(A) = P(B)P(A|B) + P(B^C)P(A|B^C)$

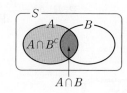

상자 A에는 흰 공 2개와 검은 공 4개가 들어 있고, 상자 B에는 흰 공 3개와 검은 공 2개가 들어 있다. 상자 A에서 임의로 한 개의 공을 꺼내 상자 B에 넣은 후 두 상자에서 각각 임의로 한 개의 공을 꺼낼 때, 꺼낸 두 개의 공이 모두 흰 공일 확률은?

① $\dfrac{4}{45}$　　　　② $\dfrac{2}{15}$　　　　③ $\dfrac{8}{45}$　　　　④ $\dfrac{2}{9}$　　　　⑤ $\dfrac{4}{15}$

길잡이　두 사건 A, B가 동시에 일어날 확률은 $P(A \cap B) = P(A)P(B|A)$임을 이용한다. (단, $P(A) > 0$)

풀이　(i) 상자 A에서 흰 공을 꺼내 상자 B에 넣은 경우

　　A에서 흰 공을 꺼낼 확률은 $\dfrac{2}{6} = \dfrac{1}{3}$

　　이고, A에서 흰 공을 꺼냈으므로 A에는 흰 공 1개와 검은 공 4개가, B에는 흰 공 4개와 검은 공 2개가 들어 있다.

　　두 상자에서 각각 한 개의 흰 공을 꺼낼 확률은 $\dfrac{1}{5} \times \dfrac{4}{6} = \dfrac{2}{15}$

　　이므로 이때의 확률은 곱셈정리에 의하여

　　　　$\dfrac{1}{3} \times \dfrac{2}{15} = \dfrac{2}{45}$

(ii) 상자 A에서 검은 공을 꺼내 상자 B에 넣은 경우

　　A에서 검은 공을 꺼낼 확률은 $\dfrac{4}{6} = \dfrac{2}{3}$

　　이고, A에서 검은 공을 꺼냈으므로 A에는 흰 공 2개와 검은 공 3개가, B에는 흰 공 3개와 검은 공 3개가 들어 있다.

　　두 상자에서 각각 한 개의 흰 공을 꺼낼 확률은 $\dfrac{2}{5} \times \dfrac{3}{6} = \dfrac{1}{5}$

　　이므로 이때의 확률은 곱셈정리에 의하여

　　　　$\dfrac{2}{3} \times \dfrac{1}{5} = \dfrac{2}{15}$

(i), (ii)는 서로 배반사건이므로 구하는 확률은

　　$\dfrac{2}{45} + \dfrac{2}{15} = \dfrac{8}{45}$

답 ③

유제

정답과 풀이 19쪽

2
[24010-0077]

숫자 1, 1, 2, 2, 2, 3, 4가 하나씩 적혀 있는 7장의 카드가 들어 있는 주머니가 있다. 이 주머니에서 학생 A가 임의로 한 장의 카드를 꺼낸 후 학생 B가 임의로 두 장의 카드를 동시에 꺼내는 시행을 한다. 이 시행을 한 번 하여 학생 A가 꺼낸 카드에 적혀 있는 수가 홀수이고 학생 B가 꺼낸 카드에 적혀 있는 두 수가 모두 짝수일 확률은?

① $\dfrac{2}{35}$　　　　② $\dfrac{4}{35}$　　　　③ $\dfrac{6}{35}$　　　　④ $\dfrac{8}{35}$　　　　⑤ $\dfrac{2}{7}$

3. 사건의 독립과 종속

(1) 사건의 독립

두 사건 A, B에 대하여 $P(A)>0$, $P(B)>0$이고, 어느 한 사건이 일어나는 것이 다른 사건이 일어날 확률에 영향을 주지 않을 때, 즉

$$P(B|A)=P(B) \text{ 또는 } P(A|B)=P(A)$$

일 때, 두 사건 A와 B는 서로 독립이라고 한다.

(2) 사건의 종속

두 사건 A와 B가 서로 독립이 아닐 때, 두 사건 A와 B는 서로 종속이라고 한다.

참고 두 사건 A와 B는 서로 종속일 때,

$$P(B|A) \neq P(B),\ P(A|B) \neq P(A)$$

이다.

(3) 두 사건이 서로 독립일 조건

두 사건 A와 B가 서로 독립이기 위한 필요충분조건은

$$P(A \cap B)=P(A)P(B) \ (\text{단, } P(A)>0,\ P(B)>0)$$

설명 두 사건 A와 B가 서로 독립이면 $P(B|A)=P(B)$이므로 확률의 곱셈정리에 의하여

$$P(A \cap B)=P(A)P(B|A)=P(A)P(B)$$

가 성립한다.

역으로 $P(A \cap B)=P(A)P(B)$이면

$$P(B|A)=\frac{P(A \cap B)}{P(A)}=\frac{P(A)P(B)}{P(A)}=P(B)$$

이므로 두 사건 A와 B는 서로 독립이다.

참고 $0<P(A)<1$, $0<P(B)<1$인 두 사건 A와 B가 서로 독립이면

$$P(A \cap B^C)=P(A)-P(A \cap B)=P(A)-P(A)P(B)=P(A)\{1-P(B)\}=P(A)P(B^C)$$

이므로 두 사건 A와 B^C은 서로 독립이다.

마찬가지로 두 사건 A^C과 B는 서로 독립이고, 두 사건 A^C과 B^C도 서로 독립이다.

예 한 개의 주사위를 한 번 던져서 4의 약수의 눈이 나오는 사건을 A, 짝수의 눈이 나오는 사건을 B, 3의 배수의 눈이 나오는 사건을 C라 할 때, 두 사건 A와 B, 두 사건 B와 C가 서로 독립인지 종속인지를 각각 알아보자.

$$S=\{1, 2, 3, 4, 5, 6\},\ A=\{1, 2, 4\},\ B=\{2, 4, 6\},\ C=\{3, 6\},\ A \cap B=\{2, 4\},\ B \cap C=\{6\}$$

이므로 $P(A)=\dfrac{1}{2}$, $P(B)=\dfrac{1}{2}$, $P(C)=\dfrac{1}{3}$, $P(A \cap B)=\dfrac{1}{3}$, $P(B \cap C)=\dfrac{1}{6}$

$P(A \cap B) \neq P(A)P(B)$이므로 두 사건 A와 B는 서로 종속이다.

$P(B \cap C)=P(B)P(C)$이므로 두 사건 B와 C는 서로 독립이다.

어느 OTT 업체에서 제공하는 무료 영화 120편 중에서 학생 A가 시청하고 학생 B가 시청하지 않은 영화는 60편이고, 두 학생 A와 B가 모두 시청하지 않은 영화는 20편이다. 이 120편의 영화 중 하나를 임의로 선택할 때, 선택한 영화가 학생 A가 시청한 영화인 사건을 A, 학생 B가 시청한 영화인 사건을 B라 하자. 두 사건 A와 B가 서로 독립일 때, $P(A \cap B)$의 값은?

① $\dfrac{1}{12}$ ② $\dfrac{1}{6}$ ③ $\dfrac{1}{4}$ ④ $\dfrac{1}{3}$ ⑤ $\dfrac{5}{12}$

길잡이 두 사건 A와 B가 서로 독립이기 위한 필요충분조건은 $P(A \cap B) = P(A)P(B)$임을 이용한다. (단, $P(A) > 0$, $P(B) > 0$)

풀이 학생 A가 시청하고 학생 B가 시청하지 않은 영화가 60편이므로 $P(A \cap B^c) = \dfrac{60}{120} = \dfrac{1}{2}$

두 학생 A와 B가 모두 시청하지 않은 영화가 20편이므로 $P(A^c \cap B^c) = \dfrac{20}{120} = \dfrac{1}{6}$

그런데 $A^c \cap B^c = (A \cup B)^c$이므로 $P(A \cup B) = 1 - P(A^c \cap B^c) = 1 - \dfrac{1}{6} = \dfrac{5}{6}$

즉, $P(B) = P(A \cup B) - P(A \cap B^c) = \dfrac{5}{6} - \dfrac{1}{2} = \dfrac{1}{3}$

$P(A) = P(A \cap B^c) + P(A \cap B) = \dfrac{1}{2} + P(A \cap B)$이고 두 사건 A와 B가 서로 독립이므로

$$\left\{ \dfrac{1}{2} + P(A \cap B) \right\} \times \dfrac{1}{3} = P(A \cap B)$$

따라서 $P(A \cap B) = \dfrac{1}{4}$

답 ③

유제

정답과 풀이 19쪽

3
[24010-0078]

두 사건 A와 B는 서로 독립이고

$$P(A) = \dfrac{1}{3}, \ P(A^c \cap B) = \dfrac{1}{4}$$

일 때, $P(B)$의 값은? (단, A^c은 A의 여사건이다.)

① $\dfrac{1}{4}$ ② $\dfrac{3}{8}$ ③ $\dfrac{1}{2}$ ④ $\dfrac{5}{8}$ ⑤ $\dfrac{3}{4}$

4
[24010-0079]

어느 동호회의 남학생 50명과 여학생 70명을 대상으로 각각 수제비와 칼국수 중 하나를 선택하도록 하였고, 그 결과는 표와 같다. 이 동호회의 학생 120명 중 1명을 임의로 선택할 때, 선택된 학생이 여학생인 사건과 칼국수를 선택하는 사건이 서로 독립이다. $b-a$의 값을 구하시오. (단, a, b는 상수이다.)

(단위 : 명)

	수제비	칼국수	합계
남학생	20	30	50
여학생	a	b	70

4. 독립시행의 확률

(1) 독립시행의 뜻

동전이나 주사위를 여러 번 반복하여 던지는 경우와 같이 매번 같은 조건에서 어떤 시행을 반복할 때, 각 시행
에서 일어나는 사건이 서로 독립인 경우 이러한 시행을 독립시행이라고 한다.

(2) 독립시행의 확률

한 번의 시행에서 사건 A가 일어날 확률이 p일 때, 이 시행을 n회 반복하는 독립시행에서 사건 A가 r회 일
어날 확률은

$$_n\mathrm{C}_r p^r (1-p)^{n-r} \ (r=0, 1, 2, \cdots, n)$$

이다.

예 한 개의 주사위를 4번 던질 때, 6의 약수의 눈이 2번 나올 확률을 구해 보자.

한 개의 주사위를 4번 던지는 시행에서 6의 약수의 눈
이 2번 나오는 경우의 수는

$$_4\mathrm{C}_2 = 6$$

이다. 이 6가지 경우를 한 개의 주사위를 던져서 6의
약수의 눈이 나오는 경우를 ○, 6의 약수의 눈이 나오
지 않는 경우를 ×로 오른쪽 표와 같이 나타낼 수 있
다. 이때 주사위를 던질 때마다 일어나는 사건은 서로
독립이고 한 개의 주사위를 한 번 던질 때 6의 약수의
눈이 나올 확률은 $\dfrac{2}{3}$, 6의 약수의 눈이 나오지 않을
확률은 $\dfrac{1}{3}$이므로 6가지의 각 경우에서 6의 약수의 눈
이 2번 나오고 6의 약수가 아닌 눈이 2번 나올 확률은

$$\left(\dfrac{2}{3}\right)^2 \times \left(\dfrac{1}{3}\right)^2$$

1회	2회	3회	4회	확률
○	○	×	×	$\dfrac{2}{3} \times \dfrac{2}{3} \times \dfrac{1}{3} \times \dfrac{1}{3}$
○	×	○	×	$\dfrac{2}{3} \times \dfrac{1}{3} \times \dfrac{2}{3} \times \dfrac{1}{3}$
○	×	×	○	$\dfrac{2}{3} \times \dfrac{1}{3} \times \dfrac{1}{3} \times \dfrac{2}{3}$
×	○	○	×	$\dfrac{1}{3} \times \dfrac{2}{3} \times \dfrac{2}{3} \times \dfrac{1}{3}$
×	○	×	○	$\dfrac{1}{3} \times \dfrac{2}{3} \times \dfrac{1}{3} \times \dfrac{2}{3}$
×	×	○	○	$\dfrac{1}{3} \times \dfrac{1}{3} \times \dfrac{2}{3} \times \dfrac{2}{3}$

이다. 또한 위의 표의 6가지 사건은 모두 배반사건이므로 구하는 확률은

$$_4\mathrm{C}_2 \left(\dfrac{2}{3}\right)^2 \left(\dfrac{1}{3}\right)^2 = 6 \times \dfrac{4}{9} \times \dfrac{1}{9} = \dfrac{8}{27}$$

이다.

좌표평면의 원점에 점 P가 있다. 한 개의 주사위를 사용하여 다음 시행을 한다.

주사위를 한 번 던져 나온 눈의 수가
3의 배수이면 점 P를 x축의 방향으로 2만큼 평행이동시키고,
3의 배수가 아니면 점 P를 x축의 방향으로 -1만큼, y축의 방향으로 1만큼 평행이동시킨다.

위의 시행을 4번 반복한 후 점 P가 제2사분면에 있을 확률은?

① $\dfrac{8}{27}$　　　② $\dfrac{10}{27}$　　　③ $\dfrac{4}{9}$　　　④ $\dfrac{14}{27}$　　　⑤ $\dfrac{16}{27}$

길잡이 한 번의 시행에서 사건 A가 일어날 확률이 p일 때, 이 시행을 n회 반복하는 독립시행에서 사건 A가 r회 일어날 확률은 ${}_n\mathrm{C}_r p^r(1-p)^{n-r}$ $(r=0, 1, 2, \cdots, n)$임을 이용한다.

풀이 위의 시행을 4번 반복한 후 점 P의 좌표는

$$(8, 0), (5, 1), (2, 2), (-1, 3), (-4, 4)$$

중 하나이고 이 중 제2사분면에 있는 점은 $(-1, 3)$, $(-4, 4)$이다.

(ⅰ) 점 P의 좌표가 $(-1, 3)$인 경우

한 개의 주사위를 4번 던져서 3의 배수의 눈이 1번, 3의 배수가 아닌 눈이 3번 나온 경우이다.

3의 배수인 눈이 3, 6이므로 이때의 확률은 ${}_4\mathrm{C}_1 \left(\dfrac{1}{3}\right)^1 \left(\dfrac{2}{3}\right)^3 = \dfrac{32}{81}$

(ⅱ) 점 P의 좌표가 $(-4, 4)$인 경우

한 개의 주사위를 4번 던져서 3의 배수가 아닌 눈이 4번 나온 경우이다.

이때의 확률은 ${}_4\mathrm{C}_0 \left(\dfrac{1}{3}\right)^0 \left(\dfrac{2}{3}\right)^4 = \dfrac{16}{81}$

(ⅰ), (ⅱ)에서 구하는 확률은

$$\dfrac{32}{81} + \dfrac{16}{81} = \dfrac{16}{27}$$

답 ⑤

유제

정답과 풀이 19쪽

5
[24010–0080]

두 장의 카드 A, B가 모두 앞면이 보이도록 놓여 있다. 한 개의 주사위를 던져서 나온 눈의 수가 5 이상이면 A를 뒤집고, 4 이하이면 A, B를 모두 뒤집는 시행을 한다. 이 시행을 3번 반복한 후 두 카드 모두 뒷면이 보이도록 놓여 있을 확률은?

① $\dfrac{10}{27}$　　　② $\dfrac{4}{9}$　　　③ $\dfrac{14}{27}$　　　④ $\dfrac{16}{27}$　　　⑤ $\dfrac{2}{3}$

[24010–0081]

1 두 사건 A, B에 대하여 $P(B)=\dfrac{1}{4}$, $P(A|B)=\dfrac{2}{3}$일 때, $P(A \cap B)$의 값은?

① $\dfrac{1}{12}$ ② $\dfrac{1}{8}$ ③ $\dfrac{1}{6}$ ④ $\dfrac{5}{24}$ ⑤ $\dfrac{1}{4}$

[24010–0082]

2 한 개의 주사위를 두 번 던져서 나오는 눈의 수를 차례로 a, b라 하자. $\dfrac{b}{a}$가 자연수일 때, ab가 소수일 확률은?

① $\dfrac{1}{7}$ ② $\dfrac{3}{14}$ ③ $\dfrac{2}{7}$ ④ $\dfrac{5}{14}$ ⑤ $\dfrac{3}{7}$

[24010–0083]

3 서로 다른 연필 4개와 서로 다른 볼펜 6개 중에서 임의로 2개의 필기구를 동시에 선택하는 시행을 한다. 이 시행에서 선택한 2개의 필기구에 연필이 포함되어 있을 때, 이 2개의 필기구가 모두 연필일 확률은?

① $\dfrac{1}{10}$ ② $\dfrac{1}{5}$ ③ $\dfrac{3}{10}$ ④ $\dfrac{2}{5}$ ⑤ $\dfrac{1}{2}$

[24010–0084]

4 어느 수학 동아리의 학생 24명은 각각 수학 난제인 리만 가설과 푸앵카레 추측 중에서 하나를 선택하여 조사하기로 하였다. 리만 가설과 푸앵카레 추측을 선택한 학생 수는 다음과 같다.

(단위 : 명)

	리만 가설	푸앵카레 추측	합계
1학년	10	5	15
2학년	6	3	9

이 동아리의 학생 24명 중에서 임의로 선택한 한 명이 리만 가설을 선택한 학생일 때, 이 학생이 2학년 학생일 확률은?

① $\dfrac{1}{8}$ ② $\dfrac{1}{4}$ ③ $\dfrac{3}{8}$ ④ $\dfrac{1}{2}$ ⑤ $\dfrac{5}{8}$

5 [24010-0085]

어느 학년 학생의 60 %는 남학생이고, 이 학년의 남학생의 50 %, 여학생의 40 %가 봉사활동을 하고 있다. 이 학년의 학생 중에서 임의로 한 명을 선택할 때, 이 학생이 봉사활동을 하고 있는 학생일 확률은?

① $\dfrac{21}{50}$　　② $\dfrac{23}{50}$　　③ $\dfrac{1}{2}$　　④ $\dfrac{27}{50}$　　⑤ $\dfrac{29}{50}$

6 [24010-0086]

두 사건 A와 B는 서로 독립이고

$$P(B\,|\,A)=\dfrac{1}{3},\ P(A\cup B)=\dfrac{3}{4}$$

일 때, $P(A)$의 값은?

① $\dfrac{1}{8}$　　② $\dfrac{1}{4}$　　③ $\dfrac{3}{8}$　　④ $\dfrac{1}{2}$　　⑤ $\dfrac{5}{8}$

7 [24010-0087]

한 개의 주사위를 3번 던질 때, 6의 약수의 눈이 홀수 번 나올 확률은?

① $\dfrac{10}{27}$　　② $\dfrac{4}{9}$　　③ $\dfrac{14}{27}$　　④ $\dfrac{16}{27}$　　⑤ $\dfrac{2}{3}$

8 [24010-0088]

각 면에 1, 2, 3, 4의 숫자가 하나씩 적혀 있는 정사면체 모양의 상자를 3번 던지는 시행을 한다. 이 시행에서 바닥에 닿은 면에 적혀 있는 세 수의 곱을 a라 할 때, $\log_2 a$가 정수일 확률은 $\dfrac{q}{p}$이다. $p+q$의 값을 구하시오.

(단, p와 q는 서로소인 자연수이다.)

[24010–0089]

1 어느 고등학교의 여학생 60명과 남학생 90명을 대상으로 한라산을 등반해 본 경험이 있는지를 조사하였다. 그 결과 한라산을 등반해 본 경험이 있는 학생은 100명이고 이 중 60명이 남학생이었다. 이 고등학교 학생 150명 중에서 임의로 선택한 한 명이 한라산을 등반해 본 경험이 없는 학생일 때, 이 학생이 여학생일 확률은?

① $\dfrac{1}{5}$ ② $\dfrac{3}{10}$ ③ $\dfrac{2}{5}$ ④ $\dfrac{1}{2}$ ⑤ $\dfrac{3}{5}$

[24010–0090]

2 숫자 1, 2, 3이 하나씩 적혀 있는 검은 공 3개와 숫자 3, 4, 5, 7이 하나씩 적혀 있는 흰 공 4개가 들어 있는 주머니가 있다. 이 주머니에서 임의로 동시에 꺼낸 2개의 공에 적혀 있는 두 수의 곱이 홀수일 때, 이 2개의 공의 색이 같을 확률은?

① $\dfrac{1}{10}$ ② $\dfrac{1}{5}$ ③ $\dfrac{3}{10}$

④ $\dfrac{2}{5}$ ⑤ $\dfrac{1}{2}$

[24010–0091]

3 집합 $X=\{1, 2, 3, 4\}$에 대하여 X에서 X로의 모든 함수 중에서 임의로 선택한 한 함수를 f라 하자. $f(1)\leq f(2)\leq f(3)$일 때, $f(3)$의 값이 홀수일 확률은?

① $\dfrac{1}{5}$ ② $\dfrac{1}{4}$ ③ $\dfrac{3}{10}$ ④ $\dfrac{7}{20}$ ⑤ $\dfrac{2}{5}$

[24010–0092]

4 숫자 1, 1, 1, 2가 하나씩 적혀 있는 공 4개가 들어 있는 상자 A와 숫자 1, 2, 2, 2, 4가 하나씩 적혀 있는 공 5개가 들어 있는 상자 B가 있다. 상자 A에서 임의로 한 개의 공을 꺼내어 상자 B에 넣은 후 상자 B에서 임의로 한 개의 공을 꺼낼 때, 상자 B에서 꺼낸 공에 홀수가 적혀 있을 확률은?

① $\dfrac{1}{24}$ ② $\dfrac{1}{8}$ ③ $\dfrac{5}{24}$ ④ $\dfrac{7}{24}$ ⑤ $\dfrac{3}{8}$

5 [24010-0093]

그림과 같이 정칠각형의 각 꼭짓점을 중심으로 하고 합동인 7개의 원이 있다. 1부터 7까지의 자연수를 이 7개의 원에 임의로 하나씩 모두 적는 시행을 한다. 이 시행에서 이웃하는 두 원에 적은 두 수를 각각 3으로 나눈 나머지가 서로 다를 때, 어떤 원과 이웃한 두 원에 3과 6이 적혀 있을 확률은 $\dfrac{q}{p}$이다. $p+q$의 값을 구하시오.

(단, p와 q는 서로소인 자연수이다.)

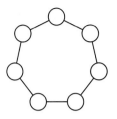

6 [24010-0094]

두 사건 A와 B는 서로 독립이고

$$\mathrm{P}(A\cup B)=2\mathrm{P}(A),\ \mathrm{P}(A\cap B)=\dfrac{2}{5}\mathrm{P}(B)$$

일 때, $\mathrm{P}(B)$의 값은? (단, $\mathrm{P}(B)\neq0$)

① $\dfrac{1}{3}$　　　② $\dfrac{4}{9}$　　　③ $\dfrac{5}{9}$　　　④ $\dfrac{2}{3}$　　　⑤ $\dfrac{7}{9}$

7 [24010-0095]

한 개의 주사위를 사용하여 다음 시행을 한다.

> 주사위를 한 번 던져서 나온 눈의 수가
> 3의 약수이면 동전 1개를 받고, 3의 약수가 아니면 동전 2개를 받는다.

위의 시행을 4번 반복할 때, 받은 동전의 개수가 5일 확률은 $\dfrac{q}{p}$이다. $p+q$의 값을 구하시오.

(단, p와 q는 서로소인 자연수이다.)

8 [24010-0096]

어느 회사에서 생산하는 A 제품 한 개에는 탄수화물 4g, 단백질 1g이 포함되어 있고, B 제품 한 개에는 탄수화물 2g, 단백질 6g이 포함되어 있다. 한 개의 주사위를 던져서 나온 눈의 수가 6이면 A 제품을 한 개 받고, 6이 아니면 B 제품을 한 개 받는다. 한 개의 주사위를 3번 던져서 받은 모든 제품에 포함된 탄수화물의 양이 10g일 확률은?

① $\dfrac{1}{72}$　　　② $\dfrac{1}{24}$　　　③ $\dfrac{5}{72}$　　　④ $\dfrac{7}{72}$　　　⑤ $\dfrac{1}{8}$

[24010-0097]

1 집합 $X = \{1, 2, 3, 4, 5\}$에 대하여 X에서 X로의 모든 함수 f 중에서 임의로 하나를 선택한다. 선택한 함수 f가 다음 조건을 만족시킬 때, 함수 f의 치역의 원소의 개수가 3일 확률은?

함수 $f \circ f$의 치역의 원소 중 홀수의 개수는 3이다.

① $\dfrac{6}{73}$ ② $\dfrac{7}{73}$ ③ $\dfrac{8}{73}$ ④ $\dfrac{9}{73}$ ⑤ $\dfrac{10}{73}$

[24010-0098]

2 1부터 8까지의 자연수가 하나씩 적혀 있는 8개의 공이 들어 있는 주머니를 사용하여 다음 시행을 한다.

주머니에서 임의로 2개의 공을 동시에 꺼내어 공에 적혀 있는 두 수 중에서 큰 수를 기록하고, 꺼낸 2개의 공을 다시 주머니에 넣는다.

위의 시행을 두 번 반복하여 기록한 두 수를 차례로 m, n이라 하자.

$$\sin\frac{m\pi}{6} \times \cos\frac{n\pi}{3}$$

의 값이 정수일 때, mn의 값이 18의 배수일 확률은?

① $\dfrac{41}{154}$ ② $\dfrac{43}{154}$ ③ $\dfrac{45}{154}$ ④ $\dfrac{47}{154}$ ⑤ $\dfrac{7}{22}$

[24010-0099]

3 어느 대학교 수시 면접장에 모인 n명의 학생들의 수험번호를 확인해보니 수험번호가 20 이하인 학생이 15명이고 홀수인 학생이 12명이었다. 이 n명의 학생들 중 임의로 한 명의 학생을 택할 때, 이 학생의 수험번호가 20 이하인 사건과 홀수인 사건이 서로 독립이 되도록 하는 모든 자연수 n의 값의 합을 구하시오.

(단, 수험번호는 자연수이다.)

출제경향 조건부확률을 구하는 문제, 확률의 곱셈정리를 이용하여 확률을 구하는 문제와 독립시행의 확률을 구하는 문제가 출제된다.

2023학년도 수능 6월 모의평가

주머니에 1부터 12까지의 자연수가 각각 하나씩 적혀 있는 12개의 공이 들어 있다. 이 주머니에서 임의로 3개의 공을 동시에 꺼내어 공에 적혀 있는 수를 작은 수부터 크기 순서대로 a, b, c라 하자. $b-a \geq 5$일 때, $c-a \geq 10$일 확률은 $\dfrac{q}{p}$이다. $p+q$의 값을 구하시오. (단, p와 q는 서로소인 자연수이다.) [4점]

출제 의도 조건부확률을 이용하여 주어진 조건을 만족시키는 확률을 구할 수 있는지를 묻는 문제이다.

풀이 $b-a \geq 5$인 사건을 E, $c-a \geq 10$인 사건을 F라 하면 구하는 확률은 $\mathrm{P}(F|E) = \dfrac{\mathrm{P}(E \cap F)}{\mathrm{P}(E)}$이다.

모든 순서쌍 (a, b, c)의 개수는 $_{12}\mathrm{C}_3 = 220$

이때 $b-a \geq 5$를 만족시키는 순서쌍 (a, b)는

$\qquad (1, 6), (1, 7), (1, 8), \cdots, (1, 11)$

$\qquad (2, 7), (2, 8), \cdots, (2, 11)$

$\qquad \vdots$

$\qquad (6, 11)$

$a=1$일 때 c의 개수는 $6+5+4+3+2+1 = 21$

$a=2$일 때 c의 개수는 $5+4+3+2+1 = 15$

$a=3$일 때 c의 개수는 $4+3+2+1 = 10$

$a=4$일 때 c의 개수는 $3+2+1 = 6$

$a=5$일 때 c의 개수는 $2+1 = 3$

$a=6$일 때 c의 개수는 1

이므로 $b-a \geq 5$를 만족시키는 모든 순서쌍 (a, b, c)의 개수는 $21+15+10+6+3+1 = 56$

즉, $\mathrm{P}(E) = \dfrac{56}{220} = \dfrac{14}{55}$　　　$\cdots\cdots$ ㉠

한편, $b-a \geq 5$이고 $c-a \geq 10$인 경우는

$a=1$, $c=11$일 때 $b=6, 7, 8, 9, 10$

$a=1$, $c=12$일 때 $b=6, 7, 8, 9, 10, 11$

$a=2$, $c=12$일 때 $b=7, 8, 9, 10, 11$

이므로 $b-a \geq 5$이고 $c-a \geq 10$인 모든 순서쌍 (a, b, c)의 개수는 $5+6+5 = 16$

즉, $\mathrm{P}(E \cap F) = \dfrac{16}{220} = \dfrac{4}{55}$　　　$\cdots\cdots$ ㉡

㉠, ㉡에서 $\mathrm{P}(F|E) = \dfrac{\mathrm{P}(E \cap F)}{\mathrm{P}(E)} = \dfrac{\dfrac{4}{55}}{\dfrac{14}{55}} = \dfrac{2}{7}$

따라서 $p=7$, $q=2$이므로 $p+q = 7+2 = 9$　　　**답** 9

05 이산확률변수의 확률분포

1. 확률변수

(1) **확률변수**: 어떤 시행에서 표본공간의 각 원소에 하나의 실수의 값을 대응시키는 함수를 확률변수라고 한다. 확률변수 X가 어떤 값 x를 가질 확률을 기호로 $\mathrm{P}(X=x)$와 같이 나타낸다.

> **예** 세 개의 동전을 동시에 던지는 시행에서 앞면이 나오는 동전의 개수를 확률변수 X라 하면 X가 갖는 값은 0, 1, 2, 3이다.

> **참고** 확률변수는 표본공간을 정의역으로 하고 실수 전체의 집합을 공역으로 하는 함수이지만 변수의 역할도 하기 때문에 확률변수라고 한다.

(2) **이산확률변수**: 확률변수 X가 갖는 값이 유한개이거나 무한히 많더라도 자연수와 같이 셀 수 있을 때, 그 확률변수 X를 이산확률변수라고 한다.

> **예** 두 개의 주사위를 동시에 던지는 시행에서 나온 두 눈의 수의 차를 X라 할 때, X가 갖는 값은 0, 1, 2, 3, 4, 5로 유한개이므로 X는 이산확률변수이다.

2. 이산확률변수의 확률분포

(1) **이산확률변수의 확률분포**: 이산확률변수 X가 갖는 값이 $x_1, x_2, x_3, \cdots, x_n$이고 X가 이 값을 가질 확률이 각각 $p_1, p_2, p_3, \cdots, p_n$일 때, $x_1, x_2, x_3, \cdots, x_n$과 $p_1, p_2, p_3, \cdots, p_n$ 사이의 대응 관계를 이산확률변수 X의 확률분포라고 한다.

이때 이산확률변수 X의 확률분포는 다음과 같이 표 또는 그래프로 나타낼 수 있다.

X	x_1	x_2	x_3	$\cdots$	x_n	합계
$\mathrm{P}(X=x)$	p_1	p_2	p_3	$\cdots$	p_n	1

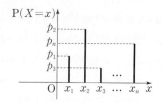

(2) **확률질량함수**: 이산확률변수 X가 갖는 값 $x_i \, (i=1, 2, 3, \cdots, n)$과 X가 이 값을 가질 확률 $p_i \, (i=1, 2, 3, \cdots, n)$ 사이의 대응 관계를 나타내는 함수

$$\mathrm{P}(X=x_i)=p_i \, (i=1, 2, 3, \cdots, n)$$

을 이산확률변수 X의 확률질량함수라고 한다.

> **예** 한 개의 주사위를 두 번 던지는 시행에서 4의 약수의 눈이 나온 횟수를 확률변수 X라 하면 X가 갖는 값은 0, 1, 2이므로 X는 이산확률변수이고, X의 확률질량함수는
>
> $$\mathrm{P}(X=x)={}_2\mathrm{C}_x\left(\frac{1}{2}\right)^x\left(\frac{1}{2}\right)^{2-x}=\frac{{}_2\mathrm{C}_x}{4} \, (x=0, 1, 2)$$
>
> 이다. 이때 확률변수 X의 확률분포를 표와 그래프로 나타내면 다음과 같다.

X	0	1	2	합계
$\mathrm{P}(X=x)$	$\frac{1}{4}$	$\frac{1}{2}$	$\frac{1}{4}$	1

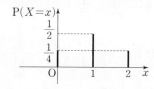

예제 1 이산확률변수의 확률분포

1부터 7까지의 자연수가 하나씩 적혀 있는 7개의 공이 들어 있는 주머니에서 임의로 3개의 공을 동시에 꺼낼 때, 꺼낸 공 중 홀수가 적혀 있는 공의 개수를 확률변수 X라 하자. $P(X \geq 2)$의 값은?

① $\dfrac{4}{7}$　　　　② $\dfrac{3}{5}$　　　　③ $\dfrac{22}{35}$　　　　④ $\dfrac{23}{35}$　　　　⑤ $\dfrac{24}{35}$

길잡이 확률변수 X가 갖는 값의 범위를 조사하고 주어진 조건을 만족시키는 X가 갖는 값에 대한 확률을 구한다.

풀이 7개의 공 중 3개의 공을 동시에 꺼내는 경우의 수는

$$_7\mathrm{C}_3 = \frac{7 \times 6 \times 5}{3 \times 2 \times 1} = 35$$

확률변수 X가 갖는 값은 0, 1, 2, 3이므로

$$P(X \geq 2) = P(X=2) + P(X=3)$$

$X=2$일 때, 홀수가 적혀 있는 공 2개와 짝수가 적혀 있는 공 1개를 꺼내는 경우이므로

$$P(X=2) = \frac{_4\mathrm{C}_2 \times {_3}\mathrm{C}_1}{_7\mathrm{C}_3} = \frac{6 \times 3}{35} = \frac{18}{35}$$

$X=3$일 때, 홀수가 적혀 있는 공 3개를 꺼내는 경우이므로

$$P(X=3) = \frac{_4\mathrm{C}_3}{_7\mathrm{C}_3} = \frac{4}{35}$$

따라서 $P(X \geq 2) = P(X=2) + P(X=3) = \dfrac{18}{35} + \dfrac{4}{35} = \dfrac{22}{35}$

답 ③

유제

정답과 풀이 25쪽

1
[24010-0100]
이산확률변수 X가 갖는 값이 1, 2, 3, 4, 5, 6이고 X의 확률질량함수가

$$P(X=x) = \frac{2^{x-1}}{63} \ (x=1, \ 2, \ 3, \ 4, \ 5, \ 6)$$

일 때, $P(X^2 - 7X + 10 < 0)$의 값은?

① $\dfrac{1}{21}$　　　② $\dfrac{2}{21}$　　　③ $\dfrac{1}{7}$　　　④ $\dfrac{4}{21}$　　　⑤ $\dfrac{5}{21}$

2
[24010-0101]
숫자 1, 3, 5, 7, 9가 하나씩 적혀 있는 5장의 카드 중에서 임의로 2장의 카드를 동시에 택할 때, 택한 카드에 적혀 있는 두 수의 차를 확률변수 X라 하자. $P(|X-4|=2)$의 값은?

① $\dfrac{1}{5}$　　　② $\dfrac{3}{10}$　　　③ $\dfrac{2}{5}$　　　④ $\dfrac{1}{2}$　　　⑤ $\dfrac{3}{5}$

이산확률변수의 확률분포

3. 확률질량함수의 성질

이산확률변수 X의 확률질량함수가 $\mathrm{P}(X=x_i)=p_i\ (i=1,\ 2,\ 3,\ \cdots,\ n)$일 때, 확률의 기본 성질에 의하여 다음이 성립한다.

(1) $0 \le p_i \le 1$

(2) $p_1+p_2+p_3+\cdots+p_n=\sum\limits_{i=1}^{n} p_i=1$

> **예** 흰 공 2개와 검은 공 3개가 들어 있는 주머니에서 임의로 3개의 공을 동시에 꺼내는 시행에서 꺼낸 공 중 흰 공의 개수를 확률변수 X라 하면 X가 갖는 값이 0, 1, 2이고 X의 확률질량함수는
>
> $$\mathrm{P}(X=x)=\frac{{}_2\mathrm{C}_x \times {}_3\mathrm{C}_{3-x}}{{}_5\mathrm{C}_3}\ (x=0,\ 1,\ 2)$$
>
> 이므로
>
> $$\mathrm{P}(X=0)=\frac{1}{10},\ \mathrm{P}(X=1)=\frac{3}{5},\ \mathrm{P}(X=2)=\frac{3}{10}$$
>
> 따라서
>
> $$0 \le \mathrm{P}(X=x) \le 1$$
> $$\mathrm{P}(X=0)+\mathrm{P}(X=1)+\mathrm{P}(X=2)=1$$
>
> 이므로 확률질량함수가 위의 성질 (1), (2)를 만족시킴을 확인할 수 있다.

4. 이산확률변수 X의 기댓값(평균)

이산확률변수 X의 확률분포가 오른쪽 표와 같을 때,

$$x_1 p_1+x_2 p_2+x_3 p_3+\cdots+x_n p_n=\sum\limits_{i=1}^{n} x_i p_i$$

X	x_1	x_2	x_3	$\cdots$	x_n	합계
$\mathrm{P}(X=x)$	p_1	p_2	p_3	$\cdots$	p_n	1

를 확률변수 X의 기댓값 또는 평균이라 하고, 기호로

$$\mathrm{E}(X)$$

와 같이 나타낸다.

> **예** 한 개의 주사위를 두 번 던지는 시행에서 6의 약수의 눈이 나온 횟수를 확률변수 X라 할 때, X의 기댓값 $\mathrm{E}(X)$를 구해 보자.
>
> X가 갖는 값이 0, 1, 2이고 X의 확률질량함수는
>
> $$\mathrm{P}(X=x)={}_2\mathrm{C}_x\left(\frac{2}{3}\right)^x\left(\frac{1}{3}\right)^{2-x}\ (x=0,\ 1,\ 2)$$
>
> 이다. 이때 확률변수 X의 확률분포를 표로 나타내면 다음과 같다.
>
> | X | 0 | 1 | 2 | 합계 |
> |---|---|---|---|---|
> | $\mathrm{P}(X=x)$ | $\frac{1}{9}$ | $\frac{4}{9}$ | $\frac{4}{9}$ | 1 |
>
> 따라서 $\mathrm{E}(X)=0 \times \dfrac{1}{9}+1 \times \dfrac{4}{9}+2 \times \dfrac{4}{9}=\dfrac{4}{3}$

> **참고** $\mathrm{E}(X)$의 E는 기댓값을 뜻하는 Expectation의 첫 글자이다.

그림과 같이 숫자 1, 1, 2가 하나씩 적혀 있는 3개의 공이 들어 있는 주머니 A와 숫자 2, 2, 4가 하나씩 적혀 있는 3개의 공이 들어 있는 주머니 B가 있다. 두 주머니 A, B 에서 각각 임의로 한 개의 공을 꺼낼 때, 꺼낸 공에 적혀 있는 두 수의 곱을 확률변수 X라 하자. $\mathrm{E}(X)$의 값은?

A   B

① $\dfrac{29}{9}$ ② $\dfrac{10}{3}$ ③ $\dfrac{31}{9}$ ④ $\dfrac{32}{9}$ ⑤ $\dfrac{11}{3}$

길잡이 이산확률변수 X의 확률질량함수가 $\mathrm{P}(X=x_i)=p_i$ $(i=1, 2, 3, \cdots, n)$일 때

① $\sum\limits_{i=1}^{n}\mathrm{P}(X=x_i)=\sum\limits_{i=1}^{n}p_i=1$ ② $\mathrm{E}(X)=\sum\limits_{i=1}^{n}x_ip_i$

가 성립한다.

풀이 주머니 A에서 꺼낸 공에 적혀 있는 수를 a, 주머니 B에서 꺼낸 공에 적혀 있는 수를 b라 하고 순서쌍 (a, b)로 나타내 자. 확률변수 X가 갖는 값은 2, 4, 8이다.

(ⅰ) $X=2$일 때, $(1, 2)$인 경우이므로 $\mathrm{P}(X=2)=\dfrac{2}{3}\times\dfrac{2}{3}=\dfrac{4}{9}$

(ⅱ) $X=4$일 때, $(1, 4)$ 또는 $(2, 2)$인 경우이므로 $\mathrm{P}(X=4)=\dfrac{2}{3}\times\dfrac{1}{3}+\dfrac{1}{3}\times\dfrac{2}{3}=\dfrac{4}{9}$

(ⅲ) $X=8$일 때, $(2, 4)$인 경우이므로 $\mathrm{P}(X=8)=\dfrac{1}{3}\times\dfrac{1}{3}=\dfrac{1}{9}$

(ⅰ), (ⅱ), (ⅲ)에 의하여 확률변수 X의 확률분포를 표로 나타내면 다음과 같다.

X	2	4	8	합계
$\mathrm{P}(X=x)$	$\dfrac{4}{9}$	$\dfrac{4}{9}$	$\dfrac{1}{9}$	1

따라서 $\mathrm{E}(X)=2\times\dfrac{4}{9}+4\times\dfrac{4}{9}+8\times\dfrac{1}{9}=\dfrac{32}{9}$

답 ④

유제

정답과 풀이 25쪽

3
[24010–0102]

이산확률변수 X의 확률분포를 표로 나타내면 오른쪽과 같다. $\mathrm{P}(3\le X\le 4)=\dfrac{4}{9}$일 때, $\mathrm{E}(X)$의 값은?

X	1	2	3	4	합계
$\mathrm{P}(X=x)$	$\dfrac{2}{9}$	a	b	$\dfrac{1}{9}$	1

① $\dfrac{5}{3}$ ② 2   ③ $\dfrac{7}{3}$ ④ $\dfrac{8}{3}$ ⑤ 3

4
[24010–0103]

이산확률변수 X가 갖는 값이 3, 4, 5, 6이고 X의 확률질량함수가

$\mathrm{P}(X=x)=a(7-x)$ $(x=3, 4, 5, 6)$

일 때, 확률변수 X의 평균을 구하시오. (단, a는 상수이다.)

5. 이산확률변수 X의 분산, 표준편차

이산확률변수 X의 확률분포가 오른쪽 표와 같을 때,
확률변수 X의 분산과 표준편차는 다음과 같다.

X	x_1	x_2	x_3	$\cdots$	x_n	합계
$P(X=x)$	p_1	p_2	p_3	$\cdots$	p_n	1

(1) 분산

　$E(X)=m$일 때, $(X-m)^2$의 평균

$$E((X-m)^2)=\sum_{i=1}^{n}(x_i-m)^2 p_i$$
$$=(x_1-m)^2 p_1+(x_2-m)^2 p_2+(x_3-m)^2 p_3+\cdots+(x_n-m)^2 p_n$$

　을 확률변수 X의 분산이라 하고, 기호로

　　$V(X)$

　와 같이 나타낸다. 이때

$$V(X)=\sum_{i=1}^{n}(x_i-m)^2 p_i$$
$$=\sum_{i=1}^{n}(x_i^2 p_i-2mx_i p_i+m^2 p_i)=\sum_{i=1}^{n}x_i^2 p_i-2m\sum_{i=1}^{n}x_i p_i+m^2\sum_{i=1}^{n}p_i$$
$$=\sum_{i=1}^{n}x_i^2 p_i-2m^2+m^2 \left(\sum_{i=1}^{n}x_i p_i=m,\ \sum_{i=1}^{n}p_i=1이므로\right)$$
$$=\sum_{i=1}^{n}x_i^2 p_i-m^2$$

　이므로 $V(X)=E(X^2)-\{E(X)\}^2$

(2) 표준편차

　분산 $V(X)$의 양의 제곱근을 확률변수 X의 표준편차라 하고, 기호로 $\sigma(X)$와 같이 나타낸다.

　즉, $\sigma(X)=\sqrt{V(X)}$

참고　$V(X)$의 V는 분산을 뜻하는 Variance의 첫 글자이고, $\sigma(X)$의 σ는 표준편차를 뜻하는 standard deviation의
첫 글자 s에 해당하는 그리스 문자이다.

예　확률변수 X의 확률분포가 오른쪽 표와 같을 때, X의 평균, 분산,
표준편차를 구해 보자.

X	2	3	4	합계
$P(X=x)$	$\dfrac{1}{4}$	$\dfrac{1}{2}$	$\dfrac{1}{4}$	1

$$m=E(X)=2\times\frac{1}{4}+3\times\frac{1}{2}+4\times\frac{1}{4}=3$$

① $V(X)=E((X-m)^2)=\sum_{i=1}^{n}(x_i-m)^2 p_i$를 이용하면

$$V(X)=(-1)^2\times\frac{1}{4}+0^2\times\frac{1}{2}+1^2\times\frac{1}{4}=\frac{1}{2}$$
$$\sigma(X)=\sqrt{V(X)}=\sqrt{\frac{1}{2}}=\frac{\sqrt{2}}{2}$$

② $V(X)=E(X^2)-\{E(X)\}^2$을 이용하면

$$E(X^2)=2^2\times\frac{1}{4}+3^2\times\frac{1}{2}+4^2\times\frac{1}{4}=\frac{19}{2}$$
$$V(X)=E(X^2)-\{E(X)\}^2=\frac{19}{2}-3^2=\frac{1}{2}$$
$$\sigma(X)=\sqrt{V(X)}=\sqrt{\frac{1}{2}}=\frac{\sqrt{2}}{2}$$

흰 공 2개와 검은 공 4개가 들어 있는 주머니에서 임의로 2개의 공을 동시에 꺼낼 때, 꺼낸 공 중 흰 공의 개수를 확률변수 X라 하자. $V(X)$의 값은?

① $\dfrac{4}{15}$ ② $\dfrac{13}{45}$ ③ $\dfrac{14}{45}$ ④ $\dfrac{1}{3}$ ⑤ $\dfrac{16}{45}$

길잡이 이산확률변수 X의 확률질량함수가 $P(X=x_i)=p_i$ $(i=1, 2, 3, \cdots, n)$일 때

① $E(X)=\sum_{i=1}^{n} x_i p_i$ ② $V(X)=E(X^2)-\{E(X)\}^2$

임을 이용한다.

풀이 확률변수 X가 갖는 값은 0, 1, 2이다.

6개의 공 중 2개의 공을 동시에 꺼내는 경우의 수는 $_6C_2 = \dfrac{6 \times 5}{2 \times 1} = 15$

(ⅰ) $X=0$일 때, 검은 공 2개를 꺼내는 경우이므로 $P(X=0)=\dfrac{_4C_2}{_6C_2}=\dfrac{6}{15}=\dfrac{2}{5}$

(ⅱ) $X=1$일 때, 흰 공과 검은 공을 각각 1개씩 꺼내는 경우이므로 $P(X=1)=\dfrac{_2C_1 \times _4C_1}{_6C_2}=\dfrac{8}{15}$

(ⅲ) $X=2$일 때, 흰 공 2개를 꺼내는 경우이므로 $P(X=2)=\dfrac{_2C_2}{_6C_2}=\dfrac{1}{15}$

(ⅰ), (ⅱ), (ⅲ)에 의하여 확률변수 X의 확률분포를 표로 나타내면 다음과 같다.

X	0	1	2	합계
$P(X=x)$	$\dfrac{2}{5}$	$\dfrac{8}{15}$	$\dfrac{1}{15}$	1

$E(X)=0 \times \dfrac{2}{5}+1 \times \dfrac{8}{15}+2 \times \dfrac{1}{15}=\dfrac{2}{3}$, $E(X^2)=0^2 \times \dfrac{2}{5}+1^2 \times \dfrac{8}{15}+2^2 \times \dfrac{1}{15}=\dfrac{4}{5}$

따라서 $V(X)=E(X^2)-\{E(X)\}^2=\dfrac{4}{5}-\left(\dfrac{2}{3}\right)^2=\dfrac{16}{45}$

답 ⑤

유제   **정답과 풀이 26쪽**

5
[24010–0104]

이산확률변수 X의 확률분포를 표로 나타내면 오른쪽과 같다. $E(X)=\dfrac{3}{2}$일 때, $V(X)$의 값은?

X	1	2	3	합계
$P(X=x)$	a	$\dfrac{1}{6}$	b	1

① $\dfrac{1}{3}$ ② $\dfrac{5}{12}$ ③ $\dfrac{1}{2}$

④ $\dfrac{7}{12}$ ⑤ $\dfrac{2}{3}$

6
[24010–0105]

숫자 1, 2, 3, 4가 하나씩 적혀 있는 4장의 카드 중에서 임의로 1장의 카드를 택할 때, 택한 카드에 적혀 있는 수의 양의 약수의 개수를 확률변수 X라 하자. $\sigma(X)$의 값은?

① $\dfrac{1}{2}$ ② $\dfrac{\sqrt{2}}{2}$ ③ $\dfrac{\sqrt{3}}{2}$ ④ 1   ⑤ $\dfrac{\sqrt{5}}{2}$

6. 이산확률변수 $aX+b$의 평균, 분산, 표준편차

이산확률변수 X와 두 상수 a, b $(a \neq 0)$에 대하여 이산확률변수 $aX+b$의 평균, 분산, 표준편차는 다음과 같다.

(1) $\mathrm{E}(aX+b)=a\mathrm{E}(X)+b$

(2) $\mathrm{V}(aX+b)=a^2\mathrm{V}(X)$

(3) $\sigma(aX+b)=|a|\sigma(X)$

설명 이산확률변수 X의 확률분포가 다음과 같을 때, 이산확률변수

$$Y=aX+b \ (a, b\text{는 상수}, a \neq 0)$$

의 평균, 분산, 표준편차를 구해 보자.

X	x_1	x_2	x_3	$\cdots$	x_n	합계
$\mathrm{P}(X=x)$	p_1	p_2	p_3	$\cdots$	p_n	1

$y_i=ax_i+b \ (i=1, 2, 3, \cdots, n)$이라 할 때, 확률

$$\mathrm{P}(Y=y_i)=\mathrm{P}(X=x_i)=p_i$$

이므로 확률변수 Y의 확률분포를 표로 나타내면 다음과 같다.

Y	y_1	y_2	y_3	$\cdots$	y_n	합계
$\mathrm{P}(Y-y)$	p_1	p_2	p_3	$\cdots$	p_n	1

따라서 확률변수 Y의 평균은

$$\mathrm{E}(Y)=\sum_{i=1}^{n} y_i p_i=\sum_{i=1}^{n} (ax_i+b)p_i$$

$$=a\sum_{i=1}^{n} x_i p_i+b\sum_{i=1}^{n} p_i=a\mathrm{E}(X)+b$$

확률변수 X의 평균을 m이라 하면 확률변수 Y의 평균은 $am+b$이므로 Y의 분산과 표준편차는

$$\mathrm{V}(Y)=\sum_{i=1}^{n} \{y_i-(am+b)\}^2 p_i$$

$$=\sum_{i=1}^{n} \{(ax_i+b)-(am+b)\}^2 p_i$$

$$=\sum_{i=1}^{n} a^2(x_i-m)^2 p_i$$

$$=a^2\sum_{i=1}^{n} (x_i-m)^2 p_i=a^2\mathrm{V}(X)$$

$$\sigma(Y)=\sqrt{\mathrm{V}(Y)}=\sqrt{a^2\mathrm{V}(X)}$$

$$=|a|\sqrt{\mathrm{V}(X)}$$

$$=|a|\sigma(X)$$

예 이산확률변수 X에 대하여 $\mathrm{E}(X)=2$, $\mathrm{V}(X)=9$일 때, 확률변수 $-2X+5$의 평균, 분산, 표준편차는 다음과 같다.

$$\mathrm{E}(-2X+5)=-2\mathrm{E}(X)+5=-2\times 2+5=1$$

$$\mathrm{V}(-2X+5)=(-2)^2\mathrm{V}(X)=4\times 9=36$$

$$\sigma(-2X+5)=|-2|\sigma(X)=2\times\sqrt{9}=6$$

1부터 6까지의 자연수가 하나씩 적혀 있는 6장의 카드가 들어 있는 상자에서 임의로 3장의 카드를 동시에 꺼낼 때, 꺼낸 카드에 적혀 있는 세 수 중 가장 작은 수를 확률변수 X라 하자. $E(aX+3)=17$일 때, 상수 a의 값을 구하시오.

길잡이　주어진 조건을 만족시키는 확률변수 X에 대한 확률을 구하고, 두 상수 a, b $(a \neq 0)$에 대하여

$$E(aX+b)=aE(X)+b$$

임을 이용한다.

풀이　확률변수 X가 갖는 값은 1, 2, 3, 4이고 6장의 카드 중 3장의 카드를 동시에 꺼내는 경우의 수는

$$_6C_3 = \frac{6 \times 5 \times 4}{3 \times 2 \times 1} = 20$$

(i) $X=1$일 때, 1이 적혀 있는 카드를 꺼내고 나머지는 2, 3, 4, 5, 6이 적혀 있는 카드 중 2장의 카드를 꺼내는 경우이므로

$$P(X=1) = \frac{_5C_2}{20} = \frac{10}{20} = \frac{1}{2}$$

(ii) $X=2$일 때, 2가 적혀 있는 카드를 꺼내고 나머지는 3, 4, 5, 6이 적혀 있는 카드 중 2장의 카드를 꺼내는 경우이므로

$$P(X=2) = \frac{_4C_2}{20} = \frac{6}{20} = \frac{3}{10}$$

(iii) $X=3$일 때, 3이 적혀 있는 카드를 꺼내고 나머지는 4, 5, 6이 적혀 있는 카드 중 2장의 카드를 꺼내는 경우이므로

$$P(X=3) = \frac{_3C_2}{20} = \frac{3}{20}$$

(iv) $X=4$일 때, 4, 5, 6이 적혀 있는 카드를 꺼내는 경우이므로

$$P(X=4) = \frac{_3C_3}{20} = \frac{1}{20}$$

(i)~(iv)에 의하여 확률변수 X의 확률분포를 표로 나타내면 다음과 같다.

X	1	2	3	4	합계
$P(X=x)$	$\frac{1}{2}$	$\frac{3}{10}$	$\frac{3}{20}$	$\frac{1}{20}$	1

$$E(X) = 1 \times \frac{1}{2} + 2 \times \frac{3}{10} + 3 \times \frac{3}{20} + 4 \times \frac{1}{20} = \frac{7}{4}$$

이때 $E(aX+3)=17$이므로 $aE(X)+3=17$, $a \times \frac{7}{4} = 14$, $a=8$

답 8

유제

정답과 풀이 26쪽

7　이산확률변수 X에 대하여 $E(3X-2)=19$, $V(-2X+3)=12$일 때, $E(X^2)$의 값은?
[24010-0106]
　　① 52　　　　② 53　　　　③ 54　　　　④ 55　　　　⑤ 56

8　숫자 2, 2, 4, 4, 4, 8이 하나씩 적혀 있는 6개의 공이 들어 있는 주머니에서 임의로 1개의 공을 꺼낼
[24010-0107]　때, 꺼낸 공에 적혀 있는 수를 확률변수 X라 하자. $\sigma(5X+4)$의 값을 구하시오.

7. 이항분포

한 번의 시행에서 사건 A가 일어날 확률이 p로 일정할 때, n번의 독립시행에서 사건 A가 일어나는 횟수를 확률변수 X라 하면 X가 갖는 값은 0, 1, 2, $\cdots$, n이고, X의 확률질량함수는

$$\mathrm{P}(X=x)={}_n\mathrm{C}_x p^x q^{n-x} \ (x=0, 1, 2, \cdots, n\text{이고 } q=1-p)$$

이다. 이와 같은 이산확률변수 X의 확률분포를 이항분포라 하고, 기호로 $\mathrm{B}(n, p)$와 같이 나타낸다.

이때 확률변수 X는 이항분포 $\mathrm{B}(n, p)$를 따른다고 하며, X의 확률분포를 표로 나타내면 다음과 같다.

X	0	1	2	$\cdots$	x	$\cdots$	n	합계
$\mathrm{P}(X=x)$	${}_n\mathrm{C}_0 p^0 q^n$	${}_n\mathrm{C}_1 p^1 q^{n-1}$	${}_n\mathrm{C}_2 p^2 q^{n-2}$	$\cdots$	${}_n\mathrm{C}_x p^x q^{n-x}$	$\cdots$	${}_n\mathrm{C}_n p^n q^0$	1

> **참고** (1) 위의 표에서 각 확률은 이항정리에 의하여 $(p+q)^n$을 전개한 식
>
> $$(p+q)^n={}_n\mathrm{C}_0 p^0 q^n+{}_n\mathrm{C}_1 p^1 q^{n-1}+{}_n\mathrm{C}_2 p^2 q^{n-2}+\cdots+{}_n\mathrm{C}_x p^x q^{n-x}+\cdots+{}_n\mathrm{C}_n p^n q^0$$
>
> 의 우변의 각 항과 같다. 이때 $p+q=1$이므로 $\sum\limits_{x=0}^{n} {}_n\mathrm{C}_x p^x q^{n-x}=1$임을 알 수 있다.
>
> (2) 이항분포 $\mathrm{B}(n, p)$의 B는 이항분포를 뜻하는 Binomial distribution의 첫 글자이다.

> **예** 한 개의 주사위를 한 번 던지는 시행에서 6의 약수의 눈이 나오는 사건을 A라 하고, 이 주사위를 36번 던질 때 사건 A가 일어나는 횟수를 확률변수 X라 하자. 주사위를 한 번 던질 때 사건 A가 일어날 확률이 $\dfrac{2}{3}$이고 독립시행의 횟수가 36이므로 확률변수 X는 이항분포 $\mathrm{B}\left(36, \dfrac{2}{3}\right)$를 따른다.

8. 이항분포의 평균, 분산, 표준편차

확률변수 X가 이항분포 $\mathrm{B}(n, p)$를 따를 때

(1) 평균: $\mathrm{E}(X)=np$

(2) 분산: $\mathrm{V}(X)=npq$ (단, $q=1-p$)

(3) 표준편차: $\sigma(X)=\sqrt{\mathrm{V}(X)}=\sqrt{npq}$ (단, $q=1-p$)

9. 큰수의 법칙

어떤 시행에서 사건 A가 일어날 수학적 확률이 p일 때, n번의 독립시행에서 사건 A가 일어나는 횟수를 확률변수 X라 하면 임의의 양수 h에 대하여 n의 값이 한없이 커질 때, 확률 $\mathrm{P}\left(\left|\dfrac{X}{n}-p\right|<h\right)$의 값은 1에 한없이 가까워진다.

> **참고** 큰수의 법칙에 의하여 시행 횟수 n이 충분히 클 때, 사건 A의 상대도수는 수학적 확률에 가까워지므로 사건 A의 상대도수 $\dfrac{X}{n}$를 사건 A가 일어날 확률 $\mathrm{P}(A)$로 간주할 수 있다. 따라서 자연현상이나 사회현상에서 수학적 확률을 구하기 어려운 경우에는 시행 횟수를 충분히 크게 한 후 사건의 상대도수를 구하여 수학적 확률로 이용할 수 있다.

한 개의 주사위를 두 번 던지는 시행을 48번 반복할 때, 나오는 두 눈의 수의 합이 4의 배수가 되는 횟수를 확률변수 X라 하자. $\mathrm{E}(X)+\mathrm{V}(X)$의 값을 구하시오.

길잡이 확률변수 X가 이항분포 $\mathrm{B}(n, p)$를 따를 때
① $\mathrm{E}(X)=np$
② $\mathrm{V}(X)=npq \ (q=1-p)$
임을 이용한다.

풀이 한 개의 주사위를 두 번 던져서 나오는 두 눈의 수가 차례로 a, b일 때, 순서쌍 (a, b)로 나타내자.
모든 순서쌍 (a, b)의 개수는 $6 \times 6 = 36$이다.
나오는 두 눈의 수의 합이 4의 배수인 경우는

$(1, 3), (2, 2), (3, 1), (2, 6), (3, 5), (4, 4), (5, 3), (6, 2), (6, 6)$

으로 경우의 수는 9이다.

한 개의 주사위를 두 번 던져서 나오는 두 눈의 수의 합이 4의 배수가 되는 사건이 일어날 확률은 $\dfrac{9}{36}=\dfrac{1}{4}$이므로

확률변수 X는 이항분포 $\mathrm{B}\!\left(48, \dfrac{1}{4}\right)$을 따른다.

따라서 $\mathrm{E}(X)=48 \times \dfrac{1}{4}=12$, $\mathrm{V}(X)=48 \times \dfrac{1}{4} \times \dfrac{3}{4}=9$이므로

$\qquad \mathrm{E}(X)+\mathrm{V}(X)=12+9=21$

답 21

유제
정답과 풀이 **27**쪽

9
[24010-0108]
확률변수 X가 이항분포 $\mathrm{B}\!\left(n, \dfrac{2}{5}\right)$를 따르고 $\mathrm{E}(2X)+\mathrm{V}(2X)=88$일 때, 자연수 n의 값은?

① 50   ② 60   ③ 70   ④ 80   ⑤ 90

10
[24010-0109]
노란 공 2개, 빨간 공 3개, 파란 공 4개가 들어 있는 주머니가 있다. 이 주머니에서 임의로 3개의 공을 동시에 꺼내어 색을 확인하고 주머니에 다시 넣는 시행에서 꺼낸 공의 색이 모두 서로 다른 사건을 A라 하자. 주머니에서 임의로 3개의 공을 동시에 꺼내어 색을 확인하고 주머니에 다시 넣는 독립시행을 490번 반복할 때, 사건 A가 일어나는 횟수를 확률변수 X라 하자. $\sigma(5X-1)$의 값을 구하시오.

[24010-0110]

1 한 개의 주사위를 한 번 던져서 3의 약수의 눈이 나오면 2점, 3의 약수가 아닌 눈이 나오면 1점을 얻는 게임이 있다. 이 게임을 5번 반복한 후 얻은 모든 점수의 합을 확률변수 X라 할 때, $P(X=9)$의 값은?

① $\dfrac{1}{27}$ ② $\dfrac{10}{243}$ ③ $\dfrac{11}{243}$ ④ $\dfrac{4}{81}$ ⑤ $\dfrac{13}{243}$

[24010-0111]

2 이산확률변수 X가 갖는 값이 -2, -1, 0, 1, 2이고 X의 확률질량함수가

$$P(X=x)=ax+3a \ (x=-2,\ -1,\ 0,\ 1,\ 2)$$

일 때, $E(X)$의 값은? (단, a는 상수이다.)

① $\dfrac{7}{15}$ ② $\dfrac{8}{15}$ ③ $\dfrac{3}{5}$ ④ $\dfrac{2}{3}$ ⑤ $\dfrac{11}{15}$

[24010-0112]

3 이산확률변수 X의 확률분포를 표로 나타내면 오른쪽과 같다. $E(X^2)=V(X)$일 때, $a-b$의 값은?

X	-1	0	1	2	합계
$P(X=x)$	a	$\dfrac{1}{8}$	$\dfrac{1}{4}$	b	1

① $-\dfrac{1}{4}$ ② $-\dfrac{1}{8}$ ③ $\dfrac{1}{8}$

④ $\dfrac{1}{4}$ ⑤ $\dfrac{3}{8}$

[24010-0113]

4 2학년 학생 2명, 3학년 학생 3명으로 구성된 5명의 학생 중에서 임의로 2명의 학생을 동시에 택할 때, 택한 학생 중 3학년 학생의 수를 확률변수 X라 하자. $E(5X-1)+V(5X-1)$의 값은?

① 14   ② 15   ③ 16   ④ 17   ⑤ 18

[24010-0114]

5 2개의 동전을 동시에 던져서 모두 앞면이 나오는 사건을 A라 하자. 2개의 동전을 동시에 던지는 시행을 n번 반복할 때, 사건 A가 일어나는 횟수를 확률변수 X라 하자. $\{E(X)\}^2=V(3X)$일 때, 자연수 n의 값을 구하시오.

[24010–0115]

1 이산확률변수 X가 갖는 값이 0, 1, 2, 3이고

$$P(X=k+1)=\frac{1}{2}P(X=k)\ (k=1,\ 2)$$

이다. $E(X)=\dfrac{11}{16}$일 때, $P(X=0)+P(X=2)$의 값은?

① $\dfrac{9}{16}$ ② $\dfrac{5}{8}$ ③ $\dfrac{11}{16}$ ④ $\dfrac{3}{4}$ ⑤ $\dfrac{13}{16}$

[24010–0116]

2 1학년 학생 2명, 2학년 학생 2명, 3학년 학생 2명으로 모두 6명의 학생이 있다. 이 6명의 학생을 임의로 2명씩 3개의 팀으로 나눌 때, 같은 학년 학생으로 이루어진 팀의 수를 확률변수 X라 하자. $P(X=1)-P(X=3)$의 값은?

① $\dfrac{1}{3}$ ② $\dfrac{2}{5}$ ③ $\dfrac{7}{15}$ ④ $\dfrac{8}{15}$ ⑤ $\dfrac{3}{5}$

[24010–0117]

3 숫자 0, 3, 6이 하나씩 적혀 있는 3개의 공이 들어 있는 주머니에서 임의로 1개의 공을 꺼내어 꺼낸 공에 적혀 있는 수를 확인하고 주머니에 다시 넣는 시행을 3번 반복한다. 꺼낸 세 공에 적혀 있는 수의 최댓값을 확률변수 X라 할 때, $\sigma(X)$의 값은?

(단, 꺼낸 세 공에 적혀 있는 수가 모두 같은 경우 꺼낸 공에 적혀 있는 수를 최댓값으로 한다.)

① $\dfrac{\sqrt{15}}{3}$ ② $\sqrt{2}$ ③ $\dfrac{\sqrt{21}}{3}$ ④ $\dfrac{2\sqrt{6}}{3}$ ⑤ $\sqrt{3}$

[24010–0118]

4 두 이산확률변수 X, Y의 확률분포를 표로 나타내면 각각 다음과 같다.

X	a	$2a$	$3a$	$4a$	합계
$P(X=x)$	$\dfrac{1}{6}$	b	$\dfrac{1}{2}$	$\dfrac{1}{12}$	1

Y	a^2+b	$2a^2+b$	$3a^2+b$	$4a^2+b$	합계
$P(Y=y)$	$\dfrac{1}{6}$	b	$\dfrac{1}{2}$	$\dfrac{1}{12}$	1

$E(X)=\dfrac{5}{4}$일 때, $E(Y)$의 값은?

① $\dfrac{3}{4}$ ② $\dfrac{7}{8}$ ③ 1 ④ $\dfrac{9}{8}$ ⑤ $\dfrac{5}{4}$

[24010-0119]

5 흰 공 3개와 검은 공 3개가 들어 있는 주머니를 사용하여 다음 시행을 한다.

> 주머니에서 임의로 한 개의 공을 꺼내어
> 꺼낸 공이 흰 공이면 꺼낸 공을 주머니에 다시 넣은 후 주머니에서 임의로 2개의 공을 동시에 꺼내고,
> 꺼낸 공이 검은 공이면 꺼낸 공을 주머니에 다시 넣지 않고 주머니에서 임의로 2개의 공을 동시에 꺼낸다.

이 시행을 한 번 한 후 주머니에 남아 있는 검은 공의 개수를 확률변수 X라 할 때, $\mathrm{E}(100X-2)$의 값을 구하시오.

[24010-0120]

6 이산확률변수 X가 갖는 값이 -2, -1, 0, 1, 2이고
$$\mathrm{P}(X=k+1)=\mathrm{P}(X=k)+d \ (k=-2,\ -1,\ 0,\ 1)$$
이다. $\mathrm{P}(X=1)=\mathrm{P}(X=-1)+\dfrac{4}{25}$일 때, $\mathrm{V}(aX)=136$이다. 양수 a의 값은? (단, d는 상수이다.)

① 6   ② 7   ③ 8   ④ 9   ⑤ 10

[24010-0121]

7 확률변수 X가 이항분포 $\mathrm{B}(6,\ p)$를 따르고 $\dfrac{3}{4}\times\mathrm{P}(X=0)+\mathrm{P}(X=1)=\mathrm{P}(X=2)$일 때, $\mathrm{E}(X)$의 값은?

(단, $0<p<1$)

① 2   ② $\dfrac{5}{2}$ ③ 3   ④ $\dfrac{7}{2}$ ⑤ 4

[24010-0122]

8 1부터 7까지의 자연수가 하나씩 적혀 있는 7개의 공이 들어 있는 주머니에서 임의로 3개의 공을 동시에 꺼내어 적혀 있는 수를 확인하고 주머니에 다시 넣는 시행을 한다. 이 시행에서 꺼낸 공에 적혀 있는 세 수 중 1, 3, 5 또는 2, 4, 7과 같이 세 수 중 어느 두 수도 차가 1이 아닌 사건을 A라 하자. 주머니에서 임의로 3개의 공을 동시에 꺼내어 적혀 있는 수를 확인하고 주머니에 다시 넣는 독립시행을 49번 반복할 때, 사건 A가 일어나는 횟수를 확률변수 X라 하자. $\mathrm{E}(X^2)$의 값을 구하시오.

[24010-0123]

1 자연수 n에 대하여 이산확률변수 X가 갖는 값은 $1, 2, 3, \cdots, 2n$이고 X의 확률질량함수는

$$P(X=k)=c\{(-1)^{k+1}+k\} \ (k=1, 2, 3, \cdots, 2n)$$

이다. $E(X)=\dfrac{48}{5}$일 때, 자연수 n의 값은? (단, c는 상수이다.)

① 5   ② 6   ③ 7   ④ 8   ⑤ 9

[24010-0124]

2 그림과 같이 문자 A, B, C, D가 하나씩 적힌 4개의 직사각형에 빨간색, 파란색, 노란색의 3가지 색을 사용하여 임의로 칠하는 시행을 한다. 4개의 직사각형에 칠한 색의 종류의 수를 확률변수 X라 할 때, $E\left(\dfrac{9}{5}X-2\right)$의 값은?

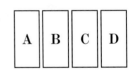

(단, 한 직사각형에는 한 가지 색만을 칠하고 4개의 직사각형에 모두 칠한다.)

① 1   ② $\dfrac{4}{3}$ ③ $\dfrac{5}{3}$ ④ 2   ⑤ $\dfrac{7}{3}$

[24010-0125]

3 숫자 $0, 0, 0, 0, 1, 1, 2$가 하나씩 적혀 있는 7장의 카드 중에서 임의로 4장의 카드를 동시에 택할 때, 택한 4장의 카드에 적혀 있는 수의 합을 확률변수 X라 하자. $V(7X)$의 값을 구하시오.

대표 기출 문제

확률변수와 확률분포의 의미를 이해하고 이산확률변수 X 또는 이산확률변수 $aX+b$의 평균과 분산을 구하는 문제가 출제된다.

2023학년도 수능 9월 모의평가

이산확률변수 X의 확률분포를 표로 나타내면 다음과 같다.

X	0	1	a	합계
$\mathrm{P}(X=x)$	$\dfrac{1}{10}$	$\dfrac{1}{2}$	$\dfrac{2}{5}$	1

$\sigma(X)=\mathrm{E}(X)$일 때, $\mathrm{E}(X^2)+\mathrm{E}(X)$의 값은? (단, $a>1$) [3점]

① 29   ② 33   ③ 37   ④ 41   ⑤ 45

출제 의도 ▷ 확률분포가 표로 주어진 이산확률변수의 분산과 표준편차의 관계를 이용하여 평균을 구할 수 있는지를 묻는 문제이다.

풀이 ▶ $\mathrm{E}(X)=0\times\dfrac{1}{10}+1\times\dfrac{1}{2}+a\times\dfrac{2}{5}=\dfrac{1}{2}+\dfrac{2}{5}a$

$\mathrm{E}(X^2)=0^2\times\dfrac{1}{10}+1^2\times\dfrac{1}{2}+a^2\times\dfrac{2}{5}=\dfrac{1}{2}+\dfrac{2}{5}a^2$

$\sigma(X)=\mathrm{E}(X)$의 양변을 제곱하면

$\{\sigma(X)\}^2=\{\mathrm{E}(X)\}^2$

이때 $\{\sigma(X)\}^2=\mathrm{V}(X)$이므로

$\mathrm{E}(X^2)-\{\mathrm{E}(X)\}^2=\{\mathrm{E}(X)\}^2$

$\mathrm{E}(X^2)=2\{\mathrm{E}(X)\}^2$

$\dfrac{1}{2}+\dfrac{2}{5}a^2=2\times\left(\dfrac{1}{2}+\dfrac{2}{5}a\right)^2$

$\dfrac{2}{25}a^2-\dfrac{4}{5}a=0,\ \dfrac{2}{25}a(a-10)=0$

$a=0$ 또는 $a=10$

$a>1$이므로 $a=10$

따라서

$\mathrm{E}(X^2)+\mathrm{E}(X)=\dfrac{1}{2}+\dfrac{2}{5}a^2+\dfrac{1}{2}+\dfrac{2}{5}a$

$=\dfrac{1}{2}+\dfrac{2}{5}\times10^2+\dfrac{1}{2}+\dfrac{2}{5}\times10=45$

답 ⑤

대표 기출 문제

출제경향 이항분포의 의미를 이해하고, 이항분포를 따르는 확률변수 X의 평균과 분산에 대한 간단한 계산 문제 또는 이항분포에서 확률변수의 성질을 이용하여 독립시행의 횟수, 확률, 평균과 분산 등을 구하는 문제가 출제된다.

2021학년도 수능

좌표평면의 원점에 점 P가 있다. 한 개의 주사위를 사용하여 다음 시행을 한다.

주사위를 한 번 던져 나온 눈의 수가
2 이하이면 점 P를 x축의 양의 방향으로 3만큼,
3 이상이면 점 P를 y축의 양의 방향으로 1만큼
이동시킨다.

이 시행을 15번 반복하여 이동된 점 P와 직선 $3x+4y=0$ 사이의 거리를 확률변수 X라 하자. $\mathrm{E}(X)$의 값은? [4점]

① 13   ② 15   ③ 17   ④ 19   ⑤ 21

출제 의도 〉 이항분포를 따르는 확률변수의 평균을 구할 수 있는지를 묻는 문제이다.

풀이 〉 주사위를 15번 던져서 2 이하의 눈이 나오는 횟수를 확률변수 Y라 하면 확률변수 Y는 이항분포 $\mathrm{B}\left(15, \dfrac{1}{3}\right)$을 따르므로

$$\mathrm{E}(Y)=15 \times \frac{1}{3}=5$$

이때 원점에 있던 점 P가 이동된 점의 좌표는

$$(3Y, \ 15-Y)$$

이므로 점 P와 직선 $3x+4y=0$ 사이의 거리 X는

$$X=\frac{|3 \times 3Y+4 \times(15-Y)|}{\sqrt{3^2+4^2}}=\frac{|5Y+60|}{5}=Y+12$$

따라서

$$\begin{aligned} \mathrm{E}(X) &=\mathrm{E}(Y+12) \\ &=\mathrm{E}(Y)+12 \\ &=5+12=17 \end{aligned}$$

답 ③

06 연속확률변수의 확률분포

1. 연속확률변수

확률변수 X가 어떤 구간에 속하는 모든 실수의 값을 가질 때, X를 연속확률변수라고 한다.

참고 길이, 무게, 온도, 시간 등의 값을 확률변수 X라 하면 X는 어떤 범위에 속하는 모든 실수의 값을 갖는다.

2. 확률밀도함수

일반적으로 $a \leq X \leq b$의 모든 실수의 값을 가지는 연속확률변수 X에 대하여 $a \leq x \leq b$에서 정의된 함수 $f(x)$가 다음의 세 가지를 모두 만족시킬 때, 함수 $f(x)$를 연속확률변수 X의 확률밀도함수라고 한다.

① $f(x) \geq 0$ (단, $a \leq x \leq b$)

② 함수 $y = f(x)$의 그래프와 x축 및 두 직선 $x = a$, $x = b$로 둘러싸인 부분의 넓이는 1이다.

③ $\mathrm{P}(\alpha \leq X \leq \beta)$는 함수 $y = f(x)$의 그래프와 x축 및 두 직선 $x = \alpha$, $x = \beta$로 둘러싸인 부분의 넓이와 같다. (단, $a \leq \alpha \leq \beta \leq b$)

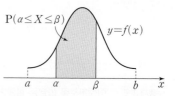

설명 연속확률변수 X의 $\dfrac{(\text{상대도수})}{(\text{계급의 크기})}$를 히스토그램으로 나타내면 히스토그램의 각 구간에 세워진 식사각형의 넓이는 각 구간의 상대도수를 나타내고, 상대도수의 합이 1이므로 모든 직사각형들의 넓이의 합은 항상 1이다.

이때 조사 대상의 수를 한없이 늘리고, 계급의 크기를 한없이 0에 가깝게 하여 히스토그램을 그리면 [그림 1]과 같이 어떤 곡선 모양에 가까워지고, 이 과정을 계속하면 [그림 2]와 같이 매끄러운 곡선이 된다.

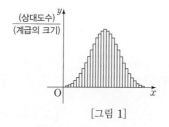

[그림 1]

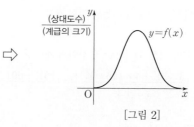

[그림 2]

참고 연속확률변수 X가 하나의 값을 가질 확률은 0이다.

즉, $\mathrm{P}(X = \alpha) = \mathrm{P}(X = \beta) = 0$이므로

$$\mathrm{P}(\alpha < X < \beta) = \mathrm{P}(\alpha \leq X < \beta)$$
$$= \mathrm{P}(\alpha < X \leq \beta)$$
$$= \mathrm{P}(\alpha \leq X \leq \beta)$$

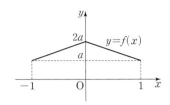

예제 1 연속확률변수와 확률밀도함수

www.ebsi.co.kr

연속확률변수 X가 갖는 값의 범위는 $-1 \leq X \leq 1$이고, X의 확률밀도함수 $y=f(x)$의 그래프는 그림과 같다.

$-1 \leq t \leq 0$인 실수 t에 대하여 $\mathrm{P}(t \leq X \leq t+1)$의 최댓값은? (단, a는 상수이다.)

① $\dfrac{5}{12}$　　　　② $\dfrac{1}{2}$　　　　③ $\dfrac{7}{12}$

④ $\dfrac{2}{3}$　　　　⑤ $\dfrac{3}{4}$

길잡이　$-1 \leq x \leq 1$에서 확률밀도함수 $y=f(x)$의 그래프와 x축 및 두 직선 $x=-1$, $x=1$로 둘러싸인 부분의 넓이는 1임을 이용한다.

풀이　$f(x)$가 확률밀도함수이므로 함수 $y=f(x)$의 그래프와 x축 및 두 직선 $x=-1$, $x=1$로 둘러싸인 부분의 넓이는 1이다.

$2 \times a + \dfrac{1}{2} \times 2 \times (2a-a) = 3a = 1$이므로 $a = \dfrac{1}{3}$

$$f(x) = \begin{cases} \dfrac{1}{3}x + \dfrac{2}{3} & (-1 \leq x \leq 0) \\ -\dfrac{1}{3}x + \dfrac{2}{3} & (0 \leq x \leq 1) \end{cases}$$

$-1 \leq t \leq 0$인 실수 t에 대하여 $\mathrm{P}(t \leq X \leq t+1)$의 값은 함수 $y=f(x)$의 그래프와 x축 및 두 직선 $x=t$, $x=t+1$로 둘러싸인 부분의 넓이이므로 그림과 같이 두 점 $(t, 0)$, $(t+1, 0)$을 이은 선분의 중점이 $(0, 0)$일 때, 즉 $\dfrac{t+(t+1)}{2} = 0$, $t = -\dfrac{1}{2}$일 때 최대가 된다.

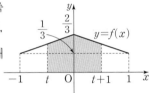

따라서 $\mathrm{P}(t \leq X \leq t+1)$의 최댓값은

$$\mathrm{P}\left(-\dfrac{1}{2} \leq X \leq \dfrac{1}{2}\right) = \mathrm{P}\left(-\dfrac{1}{2} \leq X \leq 0\right) + \mathrm{P}\left(0 \leq X \leq \dfrac{1}{2}\right) = 2\mathrm{P}\left(0 \leq X \leq \dfrac{1}{2}\right)$$

$$= 2 \times \dfrac{1}{2} \times \left\{f(0) + f\left(\dfrac{1}{2}\right)\right\} \times \dfrac{1}{2} = \dfrac{1}{2} \times \left(\dfrac{2}{3} + \dfrac{1}{2}\right) = \dfrac{7}{12}$$

답 ③

유제

정답과 풀이 33쪽

1
[24010-0126]

연속확률변수 X가 갖는 값의 범위는 $0 \leq X \leq a$이고, X의 확률밀도함수 $y=f(x)$의 그래프는 그림과 같다. $a^2 + \mathrm{P}\left(\dfrac{a}{3} \leq X \leq \dfrac{2a}{3}\right)$의 값은? (단, a는 상수이다.)

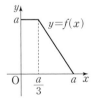

① $\dfrac{7}{4}$　　　　② $\dfrac{15}{8}$　　　　③ 2

④ $\dfrac{17}{8}$　　　　⑤ $\dfrac{9}{4}$

2
[24010-0127]

연속확률변수 X가 갖는 값의 범위는 $a \leq X \leq 3a$이고, X의 확률밀도함수 $f(x)$가 $f(x) = \dfrac{a}{8}x + \dfrac{a}{4}$ $(a \leq x \leq 3a)$일 때, $f(2a)$의 값은? (단, a는 상수이다.)

① $\dfrac{1}{16}$　　　② $\dfrac{1}{8}$　　　③ $\dfrac{1}{4}$　　　④ $\dfrac{1}{2}$　　　⑤ 1

3. 정규분포

연속확률변수 X가 모든 실수의 값을 갖고, 그 확률밀도함수 $f(x)$가 두 상수 m, σ ($\sigma > 0$)에 대하여

$$f(x) = \frac{1}{\sqrt{2\pi}\sigma}e^{-\frac{(x-m)^2}{2\sigma^2}} \ (e\text{는 } 2.718281\cdots\text{인 무리수})$$

일 때, X의 확률분포를 정규분포라고 한다.

이때 확률변수 X의 평균과 표준편차는 각각 m, σ임이 알려져 있다.

또한 평균이 m, 표준편차가 σ인 정규분포를 $\mathrm{N}(m, \sigma^2)$과 같이 나타내고, 확률변수 X는 정규분포 $\mathrm{N}(m, \sigma^2)$을 따른다고 한다.

4. 정규분포를 따르는 확률변수의 확률밀도함수의 그래프

정규분포 $\mathrm{N}(m, \sigma^2)$을 따르는 연속확률변수 X의 확률밀도함수

$f(x) = \frac{1}{\sqrt{2\pi}\sigma}e^{-\frac{(x-m)^2}{2\sigma^2}}$의 그래프는 오른쪽 그림과 같은 모양이고, 다음과 같은 성질

을 가지고 있음이 알려져 있다.

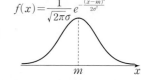

① 직선 $x = m$에 대하여 대칭인 종 모양의 곡선이다.

② x축을 점근선으로 하며, $x = m$일 때 최댓값 $\dfrac{1}{\sqrt{2\pi}\sigma}$을 갖는다.

③ 곡선과 x축 사이의 넓이는 1이다.

④ 평균 m의 값이 일정할 때, [그림 1]과 같이 σ의 값이 커지면 곡선의 중앙 부분이 낮아지면서 양쪽으로 퍼지고, σ의 값이 작아지면 곡선의 중앙 부분이 높아지면서 좁아지지만 대칭축의 위치는 같다.

⑤ 표준편차 σ의 값이 일정할 때, [그림 2]와 같이 m의 값이 변하면 대칭축의 위치는 바뀌지만 곡선의 모양은 같다.

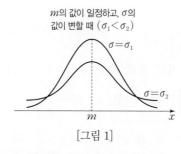

[그림 1]

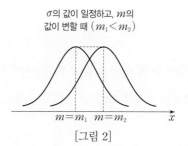

[그림 2]

참고 확률변수 X가 정규분포 $\mathrm{N}(m, \sigma^2)$을 따를 때, 다음을 만족시킨다.

① $\mathrm{P}(X \le m) = \mathrm{P}(X \ge m) = 0.5$

② $\mathrm{P}(m - \sigma \le X \le m) = \mathrm{P}(m \le X \le m + \sigma)$

③ $\mathrm{P}(m - k\sigma \le X \le m) = \mathrm{P}(m \le X \le m + k\sigma)$ (단, k는 양의 상수)

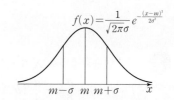

$8 \leq a < b \leq 12$인 두 실수 a, b에 대하여 평균이 a이고 정규분포를 따르는 확률변수 X의 확률밀도함수를 $f(x)$라 하고 평균이 b이고 정규분포를 따르는 확률변수 Y의 확률밀도함수를 $g(x)$라 할 때, 두 함수 $f(x)$, $g(x)$가 다음 조건을 만족시킨다.

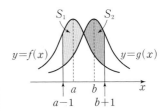

(가) 모든 실수 x에 대하여 $g(x) = f(x-2)$이다.
(나) $f(8) = g(12)$

두 함수 $y = f(x)$, $y = g(x)$의 그래프 및 직선 $x = a-1$로 둘러싸인 부분의 넓이를 S_1, 두 함수 $y = f(x)$, $y = g(x)$의 그래프 및 직선 $x = b+1$로 둘러싸인 부분의 넓이를 S_2라 하자. $\mathrm{P}(6 \leq X \leq 8) = 0.24$, $\mathrm{P}(8 \leq X \leq 10) = 0.38$일 때, $S_1 + S_2$의 값은?

① 0.24   ② 0.26   ③ 0.28   ④ 0.3   ⑤ 0.32

길잡이 정규분포 $\mathrm{N}(m, \sigma^2)$을 따르는 연속확률변수 X의 확률밀도함수 $y = f(x)$의 그래프는 직선 $x = m$에 대하여 대칭이고, 이 그래프와 x축 사이의 넓이는 1이다.

풀이 조건 (가)에서 함수 $y = g(x)$의 그래프는 함수 $y = f(x)$의 그래프를 x축의 방향으로 2만큼 평행이동한 것이므로 두 확률변수 X, Y의 표준편차가 같고 $b = a+2$이다.
조건 (나)에서 $f(8) = g(12)$이고 $8 \leq a < b \leq 12$이므로 그림과 같이 두 함수 $y = f(x)$, $y = g(x)$의 그래프는 직선 $x = 10$에 대하여 대칭이어야 한다.

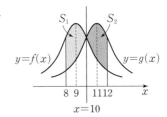

따라서 $\dfrac{a + (a+2)}{2} = 10$에서 $a = 9$, $b = 11$이고 $S_1 = S_2$이다.
이때 $S_1 = \mathrm{P}(8 \leq X \leq 10) - \mathrm{P}(8 \leq Y \leq 10)$이고
$\quad \mathrm{P}(8 \leq Y \leq 10) = \mathrm{P}(10 \leq X \leq 12) = \mathrm{P}(9+1 \leq X \leq 9+3) = \mathrm{P}(9-3 \leq X \leq 9-1) = \mathrm{P}(6 \leq X \leq 8) = 0.24$
이므로 $S_1 + S_2 = 2S_1 = 2 \times (0.38 - 0.24) = 0.28$
답 ③

유제

정답과 풀이 33쪽

3
[24010–0128]

정규분포를 따르는 확률변수 X에 대하여
$$\mathrm{P}(X \leq 7) + \mathrm{P}(X \leq 13) = 1, \ \mathrm{P}(7 \leq X \leq 10) = 0.23$$
일 때, $\mathrm{P}(X \geq 7)$의 값은?

① 0.23   ② 0.27   ③ 0.5   ④ 0.73   ⑤ 0.77

4
[24010–0129]

정규분포 $\mathrm{N}(30, \sigma^2)$을 따르는 확률변수 X에 대하여
$$\mathrm{P}(28 \leq X \leq 32) = 0.68, \ \mathrm{P}(27 \leq X \leq 33) = 0.86$$
일 때, $\mathrm{P}(27 \leq X \leq 28) + \mathrm{P}(X \geq 32)$의 값은?

① 0.21   ② 0.23   ③ 0.25   ④ 0.27   ⑤ 0.29

5. 표준정규분포

(1) 정규분포 중에서 평균이 0, 표준편차가 1인 정규분포 $N(0, 1)$을 표준정규분포라고 한다.

(2) 확률변수 Z가 표준정규분포 $N(0, 1)$을 따를 때, Z의 확률밀도함수 $f(z)$는

$$f(z) = \frac{1}{\sqrt{2\pi}} e^{-\frac{z^2}{2}} \quad (e\text{는 } 2.718281\cdots\text{인 무리수})$$

이다. 이때 임의의 양수 a에 대하여 $P(0 \leq Z \leq a)$는 오른쪽 그림에서 색칠된 부분의 넓이와 같다.

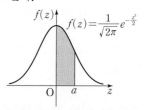

참고 확률변수 Z가 표준정규분포 $N(0, 1)$을 따를 때, $P(0 \leq Z \leq a)$의 값은 표준정규분포표를 이용하여 구할 수 있다.

예를 들어 $P(0 \leq Z \leq 1.96)$의 값은 표준정규분포표의 왼쪽에 있는 수 중에서 1.9를 찾고, 표의 위쪽에 있는 수 중에서 0.06을 찾아 1.9의 가로줄과 0.06의 세로줄이 만나는 곳의 수를 찾으면 된다.

즉, $P(0 \leq Z \leq 1.96) = 0.4750$이다.

z	0.00	0.01	$\cdots$	0.06	$\cdots$
0.0	.0000	.0040	$\cdots$	.0239	$\cdots$
0.1	.0398	.0438	$\cdots$	.0636	$\cdots$
$\vdots$	$\vdots$	$\vdots$	$\vdots$	$\vdots$	$\vdots$
1.9	.4713	.4719	$\cdots$	.4750	$\cdots$
$\vdots$	$\vdots$	$\vdots$	$\vdots$	$\vdots$	$\vdots$

6. 정규분포와 표준정규분포의 관계

확률변수 X가 정규분포 $N(m, \sigma^2)$ $(\sigma > 0)$을 따를 때, 확률변수

$$Z = \frac{X - m}{\sigma}$$

은 표준정규분포 $N(0, 1)$을 따른다는 사실이 알려져 있다.

이때 $P(a \leq X \leq b)$는 $Z = \frac{X - m}{\sigma}$을 이용하여 다음과 같이 표준정규분포 $N(0, 1)$을 따르는 확률변수 Z로 바꾸어 구한다.

$$P(a \leq X \leq b) = P\left(\frac{a - m}{\sigma} \leq \frac{X - m}{\sigma} \leq \frac{b - m}{\sigma}\right)$$
$$= P\left(\frac{a - m}{\sigma} \leq Z \leq \frac{b - m}{\sigma}\right)$$

예 확률변수 X가 정규분포 $N(10, 2^2)$을 따를 때, $P(8 \leq X \leq 13)$의 값을 구해 보자.

$Z = \frac{X - 10}{2}$이라 하면 확률변수 Z는 표준정규분포 $N(0, 1)$을 따르고, 표준정규분포표에서

$P(0 \leq Z \leq 1) = 0.3413$, $P(0 \leq Z \leq 1.5) = 0.4332$이므로

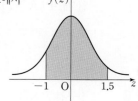

$$P(8 \leq X \leq 13) = P\left(\frac{8 - 10}{2} \leq Z \leq \frac{13 - 10}{2}\right)$$
$$= P(-1 \leq Z \leq 1.5)$$
$$= P(-1 \leq Z \leq 0) + P(0 \leq Z \leq 1.5)$$
$$= P(0 \leq Z \leq 1) + P(0 \leq Z \leq 1.5)$$
$$= 0.3413 + 0.4332$$
$$= 0.7745$$

어느 과수원에서 수확하는 복숭아 한 개의 무게는 평균이 221 g, 표준편차가 6 g인 정규분포를 따른다고 한다. 이 과수원에서 수확한 복숭아 중에서 임의로 선택한 복숭아 한 개의 무게가 227 g 이상이고 236 g 이하일 확률을 오른쪽 표준정규분포표를 이용하여 구한 것은?

z	$P(0 \le Z \le z)$
1.0	0.3413
1.5	0.4332
2.0	0.4772
2.5	0.4938

① 0.0166 ② 0.0606 ③ 0.0919
④ 0.1359 ⑤ 0.1525

길잡이 정규분포를 따르는 확률변수의 어떤 구간에서의 확률은 표준정규분포를 따르는 확률변수로 바꾸어 구한다.

풀이 이 과수원에서 수확한 복숭아 한 개의 무게를 확률변수 X라 하면 X는 정규분포 $N(221, 6^2)$을 따르고,

$Z = \dfrac{X - 221}{6}$이라 하면 확률변수 Z는 표준정규분포 $N(0, 1)$을 따른다.

따라서 구하는 확률은

$$\begin{aligned}
P(227 \le X \le 236) &= P\left(\frac{227 - 221}{6} \le Z \le \frac{236 - 221}{6} \right) \\
&= P(1 \le Z \le 2.5) \\
&= P(0 \le Z \le 2.5) - P(0 \le Z \le 1) \\
&= 0.4938 - 0.3413 = 0.1525
\end{aligned}$$

답 ⑤

유제

정답과 풀이 34쪽

5
[24010-0130]
확률변수 X가 정규분포 $N(m, 2^2)$을 따르고, $P(X \le 9) = P(X \ge 13)$일 때, $P(m - 2 \le X \le 2m - 8)$의 값을 오른쪽 표준정규분포표를 이용하여 구한 것은?

z	$P(0 \le Z \le z)$
1.0	0.3413
1.5	0.4332
2.0	0.4772
2.5	0.4938

① 0.7745 ② 0.8664 ③ 0.9104
④ 0.9544 ⑤ 0.9876

6
[24010-0131]
어느 공장에서 생산하는 철근 한 개의 길이는 평균이 400, 표준편차가 5인 정규분포를 따른다고 한다. 이 공장에서 생산한 철근 중에서 임의로 선택한 철근 한 개의 길이가 a 이상일 확률이 0.9332일 때, 상수 a의 값을 오른쪽 표준정규분포표를 이용하여 구한 것은? (단, 길이의 단위는 cm이다.)

z	$P(0 \le Z \le z)$
0.5	0.1915
1.0	0.3413
1.5	0.4332
2.0	0.4772

① 387.5 ② 390 ③ 392.5
④ 395 ⑤ 397.5

7. 이항분포와 정규분포의 관계

(1) 이항분포와 정규분포의 관계를 나타내는 그래프

한 개의 주사위를 n번 던질 때, 1의 눈이 나오는 횟수를 X라 하면 확률변수 X는 이항분포 $\mathrm{B}\left(n, \dfrac{1}{6}\right)$을 따른다.

[그림 1]은 주사위를 던지는 횟수가 $n=10$, $n=30$, $n=50$일 때의 이항분포를 그래프로 나타낸 것이고, 점들을 부드럽게 연결하면 [그림 2]를 얻을 수 있다.

일반적으로 이항분포 $\mathrm{B}(n, p)$의 그래프는 n의 값이 커지면 정규분포의 확률밀도함수의 그래프에 가까워짐이 알려져 있다.

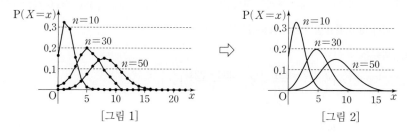

[그림 1]   [그림 2]

(2) 이항분포와 정규분포의 관계

확률변수 X가 이항분포 $\mathrm{B}(n, p)$를 따를 때, n이 충분히 크면 X는 근사적으로 정규분포 $\mathrm{N}(np, npq)$를 따른다. (단, $q=1-p$)

이때 확률변수 $Z=\dfrac{X-np}{\sqrt{npq}}$는 표준정규분포 $\mathrm{N}(0, 1)$을 따른다.

> 참고   일반적으로 $np \geq 5$, $nq \geq 5$이면 n이 충분히 큰 것으로 생각한다.

> 예   확률변수 X가 이항분포 $\mathrm{B}\left(450, \dfrac{1}{3}\right)$을 따를 때, $\mathrm{P}(160 \leq X \leq 170)$의 값을 구해 보자.

$$\mathrm{E}(X)=450 \times \frac{1}{3}=150$$

$$\mathrm{V}(X)=450 \times \frac{1}{3} \times \frac{2}{3}=100$$

이때 450은 충분히 큰 수이므로 확률변수 X는 근사적으로 정규분포 $\mathrm{N}(150, 10^2)$을 따르고, $Z=\dfrac{X-150}{10}$이라 하면 확률변수 Z는 표준정규분포 $\mathrm{N}(0, 1)$을 따른다.

따라서

$$\begin{aligned}
\mathrm{P}(160 \leq X \leq 170) &= \mathrm{P}\left(\frac{160-150}{10} \leq Z \leq \frac{170-150}{10}\right) \\
&= \mathrm{P}(1 \leq Z \leq 2) \\
&= \mathrm{P}(0 \leq Z \leq 2) - \mathrm{P}(0 \leq Z \leq 1) \\
&= 0.4772 - 0.3413 \\
&= 0.1359
\end{aligned}$$

예제 4 이항분포와 정규분포의 관계

주머니에 1부터 9까지의 자연수가 하나씩 적힌 9개의 공이 들어 있다. 이 주머니에서 임의로 2개의 공을 동시에 꺼내어 공에 적힌 수를 확인하고 다시 넣는 시행을 180번 반복할 때, 꺼낸 공에 적힌 수가 모두 소수인 횟수를 확률변수 X라 하자. $P(25 \leq X \leq 40)$의 값을 오른쪽 표준정규분포표를 이용하여 구한 것은?

z	$P(0 \leq Z \leq z)$
1.0	0.3413
1.5	0.4332
2.0	0.4772
2.5	0.4938

① 0.6915   ② 0.7745   ③ 0.8185

④ 0.9104   ⑤ 0.9332

길잡이   확률변수 X가 이항분포 $B(n, p)$를 따를 때, n이 충분히 크면 X는 근사적으로 정규분포 $N(np, npq)$를 따른다. (단, $q=1-p$)

풀이   주머니에서 임의로 2개의 공을 동시에 꺼낼 때, 꺼낸 공에 적힌 수가 모두 소수인 사건을 A라 하자.

$$P(A) = \frac{_4C_2}{_9C_2} = \frac{6}{36} = \frac{1}{6}$$

확률변수 X는 이항분포 $B\left(180, \frac{1}{6}\right)$을 따르므로

$$E(X) = 180 \times \frac{1}{6} = 30, \quad V(X) = 180 \times \frac{1}{6} \times \frac{5}{6} = 25$$

이때 180은 충분히 큰 수이므로 확률변수 X는 근사적으로 정규분포 $N(30, 5^2)$을 따르고,

$Z = \dfrac{X-30}{5}$이라 하면 확률변수 Z는 표준정규분포 $N(0, 1)$을 따른다.

따라서

$$P(25 \leq X \leq 40) = P\left(\frac{25-30}{5} \leq Z \leq \frac{40-30}{5}\right) = P(-1 \leq Z \leq 2)$$
$$= P(-1 \leq Z \leq 0) + P(0 \leq Z \leq 2) = P(0 \leq Z \leq 1) + P(0 \leq Z \leq 2)$$
$$= 0.3413 + 0.4772 = 0.8185$$

답 ③

유제

정답과 **풀이 34쪽**

7 [24010-0132]

한 개의 주사위를 한 번 던지는 시행을 288번 반복할 때, 3의 배수의 눈이 나오는 횟수를 확률변수 X라 하자. $P(X \leq 84)$의 값을 오른쪽 표준정규분포표를 이용하여 구한 것은?

z	$P(0 \leq Z \leq z)$
1.0	0.3413
1.5	0.4332
2.0	0.4772
2.5	0.4938

① 0.0228   ② 0.0668   ③ 0.1587

④ 0.3413   ⑤ 0.4332

8 [24010-0133]

확률변수 X는 이항분포 $B(192, p)$를 따르고 $V(2X) = 144$일 때, $P(X \leq 153)$의 값을 오른쪽 표준정규분포표를 이용하여 구한 것은?

$\left(\text{단, } \dfrac{1}{2} < p < 1\right)$

z	$P(0 \leq Z \leq z)$
1.0	0.3413
1.5	0.4332
2.0	0.4772
2.5	0.4938

① 0.6915   ② 0.7745   ③ 0.8413

④ 0.9332   ⑤ 0.9772

[24010–0134]

1 연속확률변수 X가 갖는 값의 범위는 $-2 \le X \le 3$이고, X의 확률밀도함수 $y=f(x)$의 그래프가 그림과 같을 때, 상수 a의 값은?

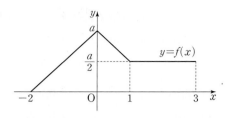

① $\dfrac{1}{8}$ ② $\dfrac{2}{9}$ ③ $\dfrac{3}{10}$

④ $\dfrac{4}{11}$ ⑤ $\dfrac{5}{12}$

[24010–0135]

2 정규분포 $N(8, 2^2)$을 따르는 확률변수 X에 대하여 $P(X \ge a) = P(X \le 2a-14)$일 때, 상수 a의 값은?

① 8   ② 9   ③ 10   ④ 11   ⑤ 12

[24010–0136]

3 두 확률변수 X, Y가 각각 정규분포 $N(16, 4^2)$, $N(40, 2^2)$을 따르고 $P(14 \le X \le 24) = P(36 \le Y \le a)$일 때, 상수 a의 값은?

① 37   ② 39   ③ 41   ④ 43   ⑤ 45

[24010–0137]

4 어느 공장에서 생산하는 야구공 한 개의 무게는 평균이 142 g, 표준편차가 3 g인 정규분포를 따른다고 한다. 이 공장에서 생산한 야구공 중에서 임의로 선택한 야구공 한 개의 무게가 136 g 이상 139 g 이하일 확률을 오른쪽 표준정규분포표를 이용하여 구한 것은?

z	$P(0 \le Z \le z)$
0.5	0.1915
1.0	0.3413
1.5	0.4332
2.0	0.4772

① 0.0919   ② 0.1359   ③ 0.1498

④ 0.1587   ⑤ 0.2417

[24010–0138]

5 이산확률변수 X의 확률질량함수가

$$P(X=x) = {}_{150}C_x p^x (1-p)^{150-x} \ (x=0, 1, 2, \cdots, 150)$$

이고 $E(X)=90$일 때, $P(84 \le X \le 105)$의 값을 오른쪽 표준정규분포표를 이용하여 구한 것은? (단, $0 < p < 1$)

z	$P(0 \le Z \le z)$
1.0	0.3413
1.5	0.4332
2.0	0.4772
2.5	0.4938

① 0.6247   ② 0.6915   ③ 0.7745

④ 0.8185   ⑤ 0.8351

[24010–0139]

1 연속확률변수 X가 갖는 값의 범위는 $0 \leq X \leq 3$이고, X의 확률 밀도함수 $y=f(x)$의 그래프가 그림과 같다.
$3\mathrm{P}(X \leq 1)=2\mathrm{P}(X \geq a)$일 때, 상수 a의 값은?

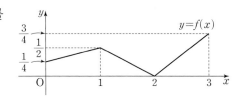

① $\dfrac{4-\sqrt{3}}{2}$ ② $\dfrac{4-\sqrt{2}}{2}$ ③ $\dfrac{3}{2}$

④ $\dfrac{2+\sqrt{2}}{2}$ ⑤ $\dfrac{2+\sqrt{3}}{2}$

[24010–0140]

2 연속확률변수 X가 갖는 값의 범위는 $0 \leq X \leq 6$이고, X의 확률밀도함수 $f(x)$가 $0 \leq x \leq 6$인 모든 실수 x에 대하여 $f(x)=f(6-x)$를 만족시킨다.
$\mathrm{P}(2 \leq X \leq 4)=\dfrac{5}{8}$, $\mathrm{P}\left(\dfrac{5}{2} \leq X \leq 4\right)=\dfrac{1}{2}$일 때, $\mathrm{P}\left(\dfrac{7}{2} \leq X \leq 6\right)$의 값은?

① $\dfrac{1}{8}$ ② $\dfrac{3}{16}$ ③ $\dfrac{1}{4}$ ④ $\dfrac{5}{16}$ ⑤ $\dfrac{3}{8}$

[24010–0141]

3 확률변수 X가 평균이 17인 정규분포를 따를 때, 부등식
$$\mathrm{P}(13 \leq X \leq 15) \leq \mathrm{P}(17+a \leq X \leq 19+a)$$
를 만족시키는 실수 a의 최댓값과 최솟값의 곱은?

① -10 ② -8 ③ -6 ④ -4 ⑤ -2

[24010–0142]

4 두 확률변수 X, Y는 각각 정규분포 $\mathrm{N}\left(4, \left(\dfrac{1}{4}\right)^2\right)$, $\mathrm{N}\left(8, \left(\dfrac{1}{2}\right)^2\right)$을 따른다. 두 양수 a, b에 대하여 $ab=\dfrac{81}{2}$이고 $\mathrm{P}(4 \leq X \leq a)+\mathrm{P}(Y \geq b)=\dfrac{1}{2}$일 때, $10a+b$의 값을 구하시오.

[24010–0143]

5 확률변수 X가 평균이 10, 표준편차가 σ인 정규분포를 따르고, $\mathrm{P}(X \leq 8)=0.0668$
일 때, $\mathrm{P}(X \leq 9\sigma)$의 값을 오른쪽 표준정규분포표를 이용하여 구한 것은?

① 0.6915   ② 0.7745   ③ 0.8185

④ 0.8413   ⑤ 0.9332

z	$\mathrm{P}(0 \leq Z \leq z)$
0.5	0.1915
1.0	0.3413
1.5	0.4332
2.0	0.4772

[24010–0144]

6 정규분포를 따르는 두 확률변수 X, Y의 확률밀도함수를 각각 $f(x)$, $g(x)$라 할 때, 두 함수 $f(x)$, $g(x)$가
다음 조건을 만족시킨다.

> (가) 함수 $f(x)$는 $x=20$에서 최댓값을 갖는다.
> (나) 모든 실수 x에 대하여 $g(x)=f(x+k)$이다.

$\mathrm{P}(16 \leq X \leq 24)=0.6826$, $\mathrm{P}(Y \geq 31)=0.0228$일 때, 실수 k의 값을 오른쪽 표준
정규분포표를 이용하여 구한 것은?

① -3 ② -2 ③ -1 ④ 1 ⑤ 2

z	$\mathrm{P}(0 \leq Z \leq z)$
0.5	0.1915
1.0	0.3413
1.5	0.4332
2.0	0.4772

[24010–0145]

7 어느 공장에서 생산하는 나사못 1개의 길이는 평균이 16, 표준편차가 0.02인 정규분포를 따른다고 한다. 이 공
장에서는 나사못 1개의 길이가 15.98 이상 a 이하일 때 시판용으로 분류한다. 이 공장에서 생산한 나사못 중에
서 임의로 1개를 택할 때, 길이가 시판용이 아닌 나사못으로 분류될 확률은 0.2255
이다. 상수 a의 값을 오른쪽 표준정규분포표를 이용하여 구한 것은?

(단, 길이의 단위는 mm이다.)

① 16.01   ② 16.02   ③ 16.03

④ 16.04   ⑤ 16.05

z	$\mathrm{P}(0 \leq Z \leq z)$
1.0	0.3413
1.5	0.4332
2.0	0.4772
2.5	0.4938

[24010–0146]

8 한 개의 주사위를 한 번 던져서 나온 눈의 수가 6의 약수이면 1점, 6의 약수가 아니
면 3점을 얻는 게임이 있다. 이 게임을 72번 반복하여 얻은 모든 점수의 합이 104
점 이하일 확률을 오른쪽 표준정규분포표를 이용하여 구한 것은?

① 0.0228   ② 0.0668   ③ 0.0896

④ 0.1587   ⑤ 0.1649

z	$\mathrm{P}(0 \leq Z \leq z)$
1.0	0.3413
1.5	0.4332
2.0	0.4772
2.5	0.4938

[24010-0147]

1 연속확률변수 X가 갖는 값의 범위는 $0 \le X \le a$이고, X의 확률밀도함수 $y=f(x)$의 그래프가 그림과 같다.

$$P(X \ge 1) - P(X \le 1) = \frac{1}{4}, \quad P\left(X \ge \frac{a+b}{2}\right) = \frac{1}{16}$$

일 때, $a(b-c)$의 값은? (단, a, b, c는 상수이다.)

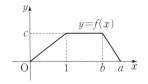

① $\frac{3}{2}$ ② $\frac{13}{8}$ ③ $\frac{7}{4}$ ④ $\frac{15}{8}$ ⑤ 2

[24010-0148]

2 정규분포 $N(40, 10^2)$을 따르는 확률변수 X와 정규분포 $N(50, \sigma^2)$을 따르는 확률변수 Y의 확률밀도함수를 각각 $f(x)$, $g(x)$라 하자. 그림과 같이 $40 \le x \le 50$에서 두 곡선 $y=f(x)$, $y=g(x)$와 직선 $x=40$으로 둘러싸인 부분의 넓이를 S_1이라 하고, $40 \le x \le 50$에서 두 곡선 $y=f(x)$, $y=g(x)$와 직선 $x=50$으로 둘러싸인 부분의 넓이를 S_2라 하자. $S_2 - S_1$의 값을 오른쪽 표준정규분포표를 이용하여 구한 값이 0.1359일 때, σ의 값은?

(단, $0 < \sigma < 10$)

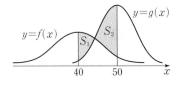

z	$P(0 \le Z \le z)$
1.0	0.3413
1.5	0.4332
2.0	0.4772
2.5	0.4938

① 5 ② 6 ③ 7
④ 8 ⑤ 9

[24010-0149]

3 양의 실수 t에 대하여 확률변수 X는 평균이 t^2이고 표준편차가 $\frac{1}{t}$인 정규분포를 따른다. 양의 실수 전체의 집합에서 정의된 함수 $f(t)$를 $f(t) = P(X \le 3)$이라 할 때, 함수 $f(t)$의 최댓값을 오른쪽 표준정규분포표를 이용하여 구한 것은?

z	$P(0 \le Z \le z)$
1.0	0.3413
1.5	0.4332
2.0	0.4772
2.5	0.4938

① 0.8413 ② 0.9104 ③ 0.9332
④ 0.9772 ⑤ 0.9938

확률밀도함수의 그래프를 이용하여 연속확률변수의 어떤 구간에서의 확률을 구하는 문제가 출제된다.

2023학년도 수능

연속확률변수 X가 갖는 값의 범위는 $0 \le X \le a$이고, X의 확률밀도함수의 그래프가 그림과 같다.

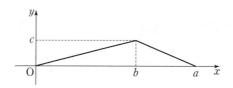

$\mathrm{P}(X \le b) - \mathrm{P}(X \ge b) = \dfrac{1}{4}$, $\mathrm{P}(X \le \sqrt{5}) = \dfrac{1}{2}$일 때, $a+b+c$의 값은? (단, a, b, c는 상수이다.) [4점]

① $\dfrac{11}{2}$ ② 6 ③ $\dfrac{13}{2}$ ④ 7 ⑤ $\dfrac{15}{2}$

출제 의도 ▷ 확률밀도함수의 그래프에서 구한 확률을 이용하여 조건을 만족시키는 상수를 구할 수 있는지를 묻는 문제이다.

풀이 확률변수 X의 확률밀도함수를 $f(x)$라 하면 함수 $y=f(x)$의 그래프와 x축으로 둘러싸인 부분의 넓이가 1이므로

$\dfrac{1}{2} \times a \times c = 1$에서 $ac = 2$

$\mathrm{P}(X \le b) = \dfrac{1}{2} \times b \times c = \dfrac{bc}{2}$ $\quad$ ...... ㉠

$\mathrm{P}(X \ge b) = 1 - \mathrm{P}(X \le b) = 1 - \dfrac{bc}{2}$

$\mathrm{P}(X \le b) - \mathrm{P}(X \ge b) = \dfrac{1}{4}$에서 $\dfrac{bc}{2} - \left(1 - \dfrac{bc}{2}\right) = bc - 1 = \dfrac{1}{4}$

$bc = \dfrac{5}{4}$ $\quad$ ...... ㉡

㉠에서 $\mathrm{P}(X \le b) = \dfrac{1}{2} \times \dfrac{5}{4} = \dfrac{5}{8} > \dfrac{1}{2}$

이때 $\mathrm{P}(X \le \sqrt{5}) = \dfrac{1}{2}$이므로 $b > \sqrt{5}$

$0 \le x \le b$에서 $f(x) = \dfrac{c}{b}x$이므로

$\mathrm{P}(X \le \sqrt{5}) = \dfrac{1}{2} \times \sqrt{5} \times f(\sqrt{5}) = \dfrac{1}{2} \times \sqrt{5} \times \dfrac{c}{b}\sqrt{5} = \dfrac{5c}{2b} = \dfrac{1}{2}$

$\dfrac{c}{b} = \dfrac{1}{5}$, $b = 5c$를 ㉡에 대입하면 $bc = 5c^2 = \dfrac{5}{4}$, $c^2 = \dfrac{1}{4}$

$c > 0$이므로 $c = \dfrac{1}{2}$, $b = \dfrac{5}{2}$, $a = \dfrac{2}{c} = 4$

따라서 $a+b+c = 4 + \dfrac{5}{2} + \dfrac{1}{2} = 7$

답 ④

대표 기출 문제

2023학년도 수능 9월 모의평가

어느 인스턴트 커피 제조 회사에서 생산하는 A제품 1개의 중량은 평균이 9, 표준편차가 0.4인 정규분포를 따르고, B제품 1개의 중량은 평균이 20, 표준편차가 1인 정규분포를 따른다고 한다. 이 회사에서 생산한 A제품 중에서 임의로 선택한 1개의 중량이 8.9 이상 9.4 이하일 확률과 B제품 중에서 임의로 선택한 1개의 중량이 19 이상 k 이하일 확률이 서로 같다. 상수 k의 값은? (단, 중량의 단위는 g이다.) [3점]

① 19.5　　　　② 19.75　　　　③ 20　　　　④ 20.25　　　　⑤ 20.5

출제 의도 ▸ 실생활과 관련된 상황에서 정규분포를 표준정규분포로 바꾼 후, 두 확률이 서로 같을 조건을 이용하여 상수를 구할 수 있는지를 묻는 문제이다.

풀이 ▸ A제품 1개의 중량을 확률변수 X라 하면 X는 정규분포 $N(9, 0.4^2)$을 따르고,

$Z=\dfrac{X-9}{0.4}$라 하면 확률변수 Z는 표준정규분포 $N(0, 1)$을 따른다.

또한 B제품 1개의 중량을 확률변수 Y라 하면 Y는 정규분포 $N(20, 1^2)$을 따르고,

$Z=\dfrac{Y-20}{1}=Y-20$이라 하면 확률변수 Z는 표준정규분포 $N(0, 1)$을 따른다.

$P(8.9\leq X\leq 9.4)=P(19\leq Y\leq k)$이므로

$$P\left(\frac{8.9-9}{0.4}\leq Z\leq\frac{9.4-9}{0.4}\right)=P(19-20\leq Z\leq k-20)$$

$$P(-0.25\leq Z\leq 1)=P(-1\leq Z\leq k-20)$$

이때 $P(-0.25\leq Z\leq 1)=P(-1\leq Z\leq 0.25)$이므로

$$k-20=0.25$$

따라서 $k=20.25$

답 ④

07 통계적 추정

1. 모집단과 표본

(1) 통계 조사에서 조사의 대상이 되는 집단 전체를 모집단이라 하고, 조사를 하기 위하여 모집단에서 뽑은 일부분을 표본이라고 한다. 또한 모집단에서 표본을 뽑는 것을 추출이라고 한다.

(2) 통계 조사에서 모집단 전체를 조사하는 것을 전수조사라 하고, 모집단의 일부분, 즉 표본을 조사하는 것을 표본조사라고 한다. 또한 표본에 포함된 대상의 개수를 표본의 크기라고 한다.

(3) 모집단에서 표본을 추출할 때, 모집단에 속하는 각 대상이 같은 확률로 추출되도록 하는 방법을 임의추출이라고 한다.

2. 모평균과 표본평균

(1) 어떤 모집단에서 조사하고자 하는 특성을 나타내는 확률변수를 X라 할 때, X의 평균, 분산, 표준편차를 각각 모평균, 모분산, 모표준편차라 하고, 기호로 각각 m, σ^2, σ와 같이 나타낸다.

(2) 모집단에서 임의추출한 크기가 n인 표본을 X_1, X_2, $\cdots$, X_n이라 할 때, 이 표본의 평균, 분산, 표준편차를 각각 표본평균, 표본분산, 표본표준편차라 하고, 기호로 $\overline{X}$, S^2, S와 같이 나타낸다. 이때 $\overline{X}$, S^2, S는 다음과 같이 구한다.

① $\overline{X} = \dfrac{X_1 + X_2 + \cdots + X_n}{n}$

② $S^2 = \dfrac{1}{n-1} \{ (X_1 - \overline{X})^2 + (X_2 - \overline{X})^2 + \cdots + (X_n - \overline{X})^2 \}$ (단, $n \geq 2$)

③ $S = \sqrt{S^2}$

참고 표본분산 S^2을 구할 때, 표본평균 $\overline{X}$를 구할 때와 달리 $n-1$로 나누는 것은 표본분산과 모분산의 차이를 줄이기 위함이다.

3. 표본평균의 확률분포

모평균 m은 고정된 상수이지만 표본평균 $\overline{X}$는 임의추출된 표본에 따라 여러 가지 값을 가질 수 있으므로 확률변수이다. 따라서 $\overline{X}$의 확률분포를 구할 수 있다.

예 모집단의 확률변수 X의 확률분포가 오른쪽 표와 같을 때, 이 모집단에서 임의추출한 크기가 2인 표본을 (X_1, X_2)라 하면 (X_1, X_2)와 그 표본평균 $\overline{X} = \dfrac{X_1 + X_2}{2}$는 다음과 같다.

X	1	2	3	합계
$P(X=x)$	$\dfrac{1}{3}$	$\dfrac{1}{3}$	$\dfrac{1}{3}$	1

(X_1, X_2)	(1, 1)	(1, 2)	(1, 3)	(2, 1)	(2, 2)	(2, 3)	(3, 1)	(3, 2)	(3, 3)
$\overline{X}$	1	1.5	2	1.5	2	2.5	2	2.5	3

따라서 확률변수 $\overline{X}$의 확률분포를 표로 나타내면 오른쪽과 같다.

$\overline{X}$	1	1.5	2	2.5	3	합계
$P(\overline{X}=\overline{x})$	$\dfrac{1}{9}$	$\dfrac{2}{9}$	$\dfrac{1}{3}$	$\dfrac{2}{9}$	$\dfrac{1}{9}$	1

$P(\overline{X}=1.5)$
$= P(X=1) \times P(X=2) + P(X=2) \times P(X=1)$
$= \dfrac{1}{3} \times \dfrac{1}{3} + \dfrac{1}{3} \times \dfrac{1}{3} = \dfrac{2}{9}$

예제 1 표본평균의 확률분포

어느 모집단의 확률변수 X의 확률분포를 표로 나타내면 오른쪽과 같다. 이 모집단에서 크기가 4인 표본을 임의추출하여 구한 표본평균을 $\overline{X}$라 할 때, $P(1<\overline{X}<5)$의 값은?

X	1	2	3	4	5	합계
$P(X=x)$	$\dfrac{1}{2}$	$\dfrac{1}{10}$	$\dfrac{1}{20}$	$\dfrac{1}{10}$	$\dfrac{1}{4}$	1

① $\dfrac{59}{64}$ ② $\dfrac{237}{256}$ ③ $\dfrac{119}{128}$ ④ $\dfrac{239}{256}$ ⑤ $\dfrac{15}{16}$

길잡이 모집단에서 임의추출한 크기가 n인 표본을 $X_1, X_2, \cdots, X_n$이라 할 때, 표본평균 $\overline{X}$는
$\overline{X}=\dfrac{X_1+X_2+\cdots+X_n}{n}$ 임을 이용한다.

풀이 이 모집단에서 임의추출한 크기가 4인 표본을 (X_1, X_2, X_3, X_4)라 하자.
$$\overline{X}=\frac{X_1+X_2+X_3+X_4}{4}$$
이므로 표본평균 $\overline{X}$가 갖는 값의 최솟값은 1이고 최댓값은 5이다.
즉, $P(1<\overline{X}<5)=1-\{P(\overline{X}=1)+P(\overline{X}=5)\}$
(ⅰ) $\overline{X}=1$인 경우
$X_1=X_2=X_3=X_4=1$이므로
$$P(\overline{X}=1)=\left(\frac{1}{2}\right)^4=\frac{1}{16}$$
(ⅱ) $\overline{X}=5$인 경우
$X_1=X_2=X_3=X_4=5$이므로
$$P(\overline{X}=5)=\left(\frac{1}{4}\right)^4=\frac{1}{256}$$
(ⅰ), (ⅱ)에 의하여
$$P(1<\overline{X}<5)=1-\left(\frac{1}{16}+\frac{1}{256}\right)=\frac{239}{256}$$

답 ④

유제

정답과 풀이 41쪽

1
[24010–0150]

어느 모집단의 확률변수 X의 확률분포를 표로 나타내면 오른쪽과 같다. 이 모집단에서 크기가 2인 표본을 임의추출하여 구한 표본평균을 $\overline{X}$라 할 때, $P(\overline{X}=2)$의 값은?

X	1	2	3	4	합계
$P(X=x)$	$\dfrac{1}{8}$	$\dfrac{1}{4}$	$\dfrac{3}{8}$	$\dfrac{1}{4}$	1

① $\dfrac{1}{16}$ ② $\dfrac{3}{32}$ ③ $\dfrac{1}{8}$ ④ $\dfrac{5}{32}$ ⑤ $\dfrac{3}{16}$

4. 표본평균의 평균, 분산, 표준편차

모평균이 m, 모분산이 σ^2인 모집단에서 크기가 n인 표본을 임의추출할 때, 표본평균 $\overline{X}$에 대하여 다음이 성립한다.

(1) $\mathrm{E}(\overline{X})=m$

(2) $\mathrm{V}(\overline{X})=\dfrac{\sigma^2}{n}$

(3) $\sigma(\overline{X})=\dfrac{\sigma}{\sqrt{n}}$

설명 모집단의 확률변수 X의 확률분포가 오른쪽 표와 같을 때, 모평균 m, 모분산 σ^2, 모표준편차 σ는 각각 다음과 같다.

X	1	2	3	합계
$\mathrm{P}(X=x)$	$\dfrac{1}{3}$	$\dfrac{1}{3}$	$\dfrac{1}{3}$	1

$$m=1\times\frac{1}{3}+2\times\frac{1}{3}+3\times\frac{1}{3}=2$$

$$\sigma^2=1^2\times\frac{1}{3}+2^2\times\frac{1}{3}+3^2\times\frac{1}{3}-2^2=\frac{2}{3}$$

$$\sigma=\sqrt{\frac{2}{3}}=\frac{\sqrt{6}}{3}$$

이 모집단에서 임의추출한 크기가 2인 표본을 $(X_1,\ X_2)$라 할 때, 그 표본평균 $\overline{X}=\dfrac{X_1+X_2}{2}$가 갖는 값은 1, 1.5, 2, 2.5, 3이고 확률변수 $\overline{X}$의 확률분포를 표로 나타내면 다음과 같다.

$\overline{X}$	1	1.5	2	2.5	3	합계
$\mathrm{P}(\overline{X}=\overline{x})$	$\dfrac{1}{9}$	$\dfrac{2}{9}$	$\dfrac{1}{3}$	$\dfrac{2}{9}$	$\dfrac{1}{9}$	1

$$\mathrm{E}(\overline{X})=1\times\frac{1}{9}+1.5\times\frac{2}{9}+2\times\frac{1}{3}+2.5\times\frac{2}{9}+3\times\frac{1}{9}=2$$

$$\mathrm{V}(\overline{X})=\left(1^2\times\frac{1}{9}+1.5^2\times\frac{2}{9}+2^2\times\frac{1}{3}+2.5^2\times\frac{2}{9}+3^2\times\frac{1}{9}\right)-2^2=\frac{1}{3}$$

$$\sigma(\overline{X})=\sqrt{\frac{1}{3}}=\frac{\sqrt{3}}{3}$$

이때 표본의 크기가 $n=2$이므로

$$\frac{\sigma^2}{n}=\frac{2}{3}\times\frac{1}{2}=\frac{1}{3},\ \frac{\sigma}{\sqrt{n}}=\frac{\sqrt{6}}{3}\times\frac{1}{\sqrt{2}}=\frac{\sqrt{3}}{3}$$

따라서 다음이 성립한다.

① $\mathrm{E}(\overline{X})=2=m$

② $\mathrm{V}(\overline{X})=\dfrac{1}{3}=\dfrac{\sigma^2}{n}$

③ $\sigma(\overline{X})=\dfrac{\sqrt{3}}{3}=\dfrac{\sigma}{\sqrt{n}}$

예제 2 | 표본평균의 평균, 분산, 표준편차

어느 모집단의 확률변수 X의 확률분포를 표로 나타내면 오른쪽과 같다. $E(X)=\dfrac{3}{2}$일 때, 이 모집단에서 크기가 10인 표본을 임의추출하여 구한 표본평균 $\overline{X}$에 대하여 $V(\overline{X})$의 값은?

X	0	1	2	4	합계
$P(X=x)$	a	b	$\dfrac{1}{4}$	$\dfrac{1}{8}$	1

① $\dfrac{1}{8}$ ② $\dfrac{3}{20}$ ③ $\dfrac{7}{40}$ ④ $\dfrac{1}{5}$ ⑤ $\dfrac{9}{40}$

길잡이 모분산이 σ^2인 모집단에서 크기가 n인 표본을 임의추출할 때, 표본평균 $\overline{X}$에 대하여 $V(\overline{X})=\dfrac{\sigma^2}{n}$임을 이용한다.

풀이 $E(X)=0\times a+1\times b+2\times\dfrac{1}{4}+4\times\dfrac{1}{8}=\dfrac{3}{2}$이므로 $b=\dfrac{1}{2}$

이때 $a+b+\dfrac{1}{4}+\dfrac{1}{8}=1$이므로 $a+b=\dfrac{5}{8}$, $a=\dfrac{1}{8}$

확률변수 X의 확률분포를 표로 나타내면 오른쪽과 같다.

$E(X^2)=0^2\times\dfrac{1}{8}+1^2\times\dfrac{1}{2}+2^2\times\dfrac{1}{4}+4^2\times\dfrac{1}{8}=\dfrac{7}{2}$

$V(X)=E(X^2)-\{E(X)\}^2=\dfrac{7}{2}-\left(\dfrac{3}{2}\right)^2=\dfrac{5}{4}$

X	0	1	2	4	합계
$P(X=x)$	$\dfrac{1}{8}$	$\dfrac{1}{2}$	$\dfrac{1}{4}$	$\dfrac{1}{8}$	1

따라서 크기가 10인 표본의 표본평균 $\overline{X}$에 대하여

$V(\overline{X})=\dfrac{V(X)}{10}=\dfrac{1}{10}\times\dfrac{5}{4}=\dfrac{1}{8}$

답 ①

유제

정답과 풀이 41쪽

2
[24010–0151]

어느 모집단의 확률변수 X의 확률분포를 표로 나타내면 오른쪽과 같다. 이 모집단에서 크기가 4인 표본을 임의추출하여 구한 표본평균 $\overline{X}$에 대하여 $V(\overline{X})$의 값은?

X	1	3	5	합계
$P(X=x)$	$\dfrac{2}{5}$	$\dfrac{1}{2}$	$\dfrac{1}{10}$	1

① $\dfrac{2}{5}$ ② $\dfrac{41}{100}$ ③ $\dfrac{21}{50}$ ④ $\dfrac{43}{100}$ ⑤ $\dfrac{11}{25}$

3
[24010–0152]

숫자 1이 적힌 카드 3장, 숫자 2가 적힌 카드 2장, 숫자 3이 적힌 카드 1장이 들어 있는 주머니가 있다. 이 주머니에서 임의로 한 장의 카드를 꺼내어 카드에 적힌 수를 확인한 후 다시 넣는 시행을 한다. 이 시행을 10번 반복하여 확인한 10개의 수의 평균을 $\overline{X}$라 할 때, $\sigma(\overline{X})$의 값은?

① $\dfrac{\sqrt{2}}{6}$ ② $\dfrac{\sqrt{15}}{15}$ ③ $\dfrac{\sqrt{70}}{30}$

④ $\dfrac{2\sqrt{5}}{15}$ ⑤ $\dfrac{\sqrt{10}}{10}$

5. 표본평균의 분포

모평균이 m, 모표준편차가 σ인 모집단에서 임의추출한 크기가 n인 표본의 표본평균 $\overline{X}$에 대하여 다음이 성립한다.

(1) 모집단이 정규분포 $N(m, \sigma^2)$을 따르면 표본평균 $\overline{X}$는 정규분포 $N\left(m, \dfrac{\sigma^2}{n}\right)$을 따른다.

(2) 모집단이 정규분포를 따르지 않을 때에도 표본의 크기 n이 충분히 크면 표본평균 $\overline{X}$는 근사적으로 정규분포 $N\left(m, \dfrac{\sigma^2}{n}\right)$을 따른다.

예 ① 정규분포 $N(12, 6^2)$을 따르는 모집단의 확률변수를 X라 하고, 이 모집단에서 크기가 9인 표본을 임의추출할 때 표본평균을 $\overline{X}$라 하면

$$m=\mathrm{E}(X)=12$$
$$\sigma^2=\mathrm{V}(X)=6^2=36$$

이므로

$$\mathrm{E}(\overline{X})=\mathrm{E}(X)=12$$
$$\mathrm{V}(\overline{X})=\frac{\mathrm{V}(X)}{n}=\frac{36}{9}=4$$

따라서 표본평균 $\overline{X}$는 정규분포 $N(12, 2^2)$을 따른다.

② 정규분포 $N(12, 6^2)$을 따르는 모집단에서 크기가 9인 표본을 임의추출할 때 표본평균 $\overline{X}$는 정규분포 $N(12, 2^2)$을 따르므로 확률변수 $Z=\dfrac{\overline{X}-12}{2}$는 표준정규분포 $N(0, 1)$을 따른다. 따라서 $P(\overline{X} \geq 15)$의 값을 오른쪽 표준정규분포표를 이용하여 구하면

z	$P(0 \leq Z \leq z)$
0.5	0.1915
1.0	0.3413
1.5	0.4332
2.0	0.4772
2.5	0.4938

$$
\begin{aligned}
P(\overline{X} \geq 15) &= P\left(Z \geq \frac{15-12}{2}\right)\\
&= P(Z \geq 1.5)\\
&= 0.5 - P(0 \leq Z \leq 1.5)\\
&= 0.5 - 0.4332\\
&= 0.0668
\end{aligned}
$$

어느 지역의 가구당 하루 전기사용량은 평균이 28, 표준편차가 6인 정규분포를 따른다고 한다. 이 지역에서 임의추출한 9가구의 하루 전기사용량의 표본평균이 25 이상일 확률을 오른쪽 표준정규분포표를 이용하여 구한 것은? (단, 전기사용량의 단위는 kWh이다.)

z	$P(0 \le Z \le z)$
0.5	0.1915
1.0	0.3413
1.5	0.4332
2.0	0.4772

① 0.6915   ② 0.7745   ③ 0.8185

④ 0.9332   ⑤ 0.9772

길잡이 크기가 9인 표본의 표본평균 $\overline{X}$에 대한 확률분포를 구하고, 표준정규분포표를 이용하여 확률을 구한다.

풀이 이 지역의 가구당 하루 전기사용량을 확률변수 X라 하면 X는 정규분포 $N(28, 6^2)$을 따른다.

이때 크기가 9인 표본의 표본평균을 $\overline{X}$라 하면

$$E(\overline{X}) = E(X) = 28, \quad V(\overline{X}) = \frac{V(X)}{9} = \frac{6^2}{9} = 2^2$$

이므로 확률변수 $\overline{X}$는 정규분포 $N(28, 2^2)$을 따르고, $Z = \dfrac{\overline{X}-28}{2}$이라 하면 확률변수 Z는 표준정규분포 $N(0, 1)$을 따른다.

따라서 구하는 확률은

$$P(\overline{X} \ge 25) = P\left(Z \ge \frac{25-28}{2}\right) = P(Z \ge -1.5)$$
$$= 0.5 + P(0 \le Z \le 1.5) = 0.5 + 0.4332 = 0.9332$$

답 ④

유제   **정답과 풀이 41쪽**

4
[24010-0153]
어느 회사에서 생산하는 음료 1캔의 용량은 평균이 190 mL, 표준편차가 12 mL인 정규분포를 따른다고 한다. 이 회사에서 생산하는 음료 중에서 임의추출한 4캔의 용량의 표본평균이 187 mL 이하일 확률을 오른쪽 표준정규분포표를 이용하여 구한 것은?

z	$P(0 \le Z \le z)$
0.5	0.1915
1.0	0.3413
1.5	0.4332
2.0	0.4772

① 0.0228   ② 0.0668   ③ 0.1587

④ 0.2255   ⑤ 0.3085

5
[24010-0154]
정규분포 $N(m, \sigma^2)$을 따르는 확률변수 X의 모집단에서 크기가 36인 표본을 임의추출하여 구한 표본평균을 $\overline{X}$라 하자.

$$P(X \ge 4) = 0.1587, \quad P\left(\overline{X} \le \frac{\sigma}{2}\right) = 0.5$$

일 때, $m + \sigma$의 값을 오른쪽 표준정규분포표를 이용하여 구한 것은? (단, $\sigma > 0$)

z	$P(0 \le Z \le z)$
0.5	0.1915
1.0	0.3413
1.5	0.4332
2.0	0.4772

① 2   ② 3   ③ 4   ④ 5   ⑤ 6

6. 모평균의 추정

(1) 모집단에서 추출한 표본에서 얻은 자료를 이용하여 모집단의 어떤 성질을 확률적으로 추측하는 것을 추정이라고 한다.

(2) 정규분포 $N(m, \sigma^2)$을 따르는 모집단에서 크기가 n인 표본을 임의추출하여 구한 표본평균 $\overline{X}$의 값이 $\overline{x}$일 때, 모평균 m에 대한 신뢰구간은 다음과 같다.

① 신뢰도 95 %의 신뢰구간

$$\overline{x} - 1.96\frac{\sigma}{\sqrt{n}} \leq m \leq \overline{x} + 1.96\frac{\sigma}{\sqrt{n}}$$

② 신뢰도 99 %의 신뢰구간

$$\overline{x} - 2.58\frac{\sigma}{\sqrt{n}} \leq m \leq \overline{x} + 2.58\frac{\sigma}{\sqrt{n}}$$

설명 ① 모집단이 정규분포 $N(m, \sigma^2)$을 따를 때, 크기가 n인 표본을 임의추출하면 표본평균 $\overline{X}$는 정규분포

$N\left(m, \dfrac{\sigma^2}{n}\right)$을 따르고, 확률변수 $Z = \dfrac{\overline{X} - m}{\dfrac{\sigma}{\sqrt{n}}}$ 은 표준정규분포 $N(0, 1)$을 따른다.

이때 표준정규분포표에서 $P(-1.96 \leq Z \leq 1.96) = 0.95$이므로

$$P\left(-1.96 \leq \frac{\overline{X} - m}{\frac{\sigma}{\sqrt{n}}} \leq 1.96\right) = P\left(-1.96\frac{\sigma}{\sqrt{n}} \leq \overline{X} - m \leq 1.96\frac{\sigma}{\sqrt{n}}\right)$$

$$= P\left(-1.96\frac{\sigma}{\sqrt{n}} \leq m - \overline{X} \leq 1.96\frac{\sigma}{\sqrt{n}}\right)$$

$$= P\left(\overline{X} - 1.96\frac{\sigma}{\sqrt{n}} \leq m \leq \overline{X} + 1.96\frac{\sigma}{\sqrt{n}}\right)$$

$$= 0.95$$

따라서 모집단으로부터 크기가 n인 표본을 임의추출하여 구한 표본평균 $\overline{X}$의 값을 $\overline{x}$라 할 때,

$$\overline{x} - 1.96\frac{\sigma}{\sqrt{n}} \leq m \leq \overline{x} + 1.96\frac{\sigma}{\sqrt{n}}$$

를 모평균 m에 대한 신뢰도 95 %의 신뢰구간이라고 한다.

② 표본평균 $\overline{X}$는 확률변수이므로 추출되는 표본에 따라 표본평균 $\overline{X}$의 값 $\overline{x}$가 달라지고 그에 따라 신뢰구간도 달라진다. 이와 같은 신뢰구간 중에는 오른쪽 그림과 같이 모평균 m을 포함하는 것과 포함하지 않는 것이 있을 수 있다.

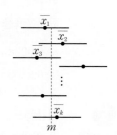

따라서 모평균 m에 대하여 신뢰도 95 %의 신뢰구간이란 크기가 n인 표본을 여러 번 임의추출하여 신뢰구간을 각각 구하면 그 중에서 95 %는 모평균 m을 포함할 것으로 기대된다는 것을 의미한다.

예 정규분포 $N(m, 12^2)$을 따르는 모집단에서 크기가 36인 표본을 임의추출하여 구한 표본평균 $\overline{X}$의 값이 70일 때, 모평균 m에 대한 신뢰도 95 %의 신뢰구간을 구해 보자.

$\sigma = 12$, $n = 36$, $\overline{X} = 70$이므로

$$70 - 1.96 \times \frac{12}{\sqrt{36}} \leq m \leq 70 + 1.96 \times \frac{12}{\sqrt{36}}, \ 66.08 \leq m \leq 73.92$$

참고 모평균에 대한 신뢰구간을 구할 때 모표준편차 σ의 값을 알 수 없는 경우가 많다. 이 경우 표본의 크기 n이 충분히 크면 모표준편차 σ 대신 표본표준편차 s를 이용하여 모평균에 대한 신뢰구간을 구할 수 있다는 것이 알려져 있다.

어느 회사에서 생산하는 백신의 유효기간은 평균이 m, 표준편차가 10인 정규분포를 따른다고 한다. 이 회사에서 생산하는 백신 중에서 n개를 임의추출하여 얻은 표본평균 $\bar{x}$를 이용하여 구한 모평균 m에 대한 신뢰도 95 %의 신뢰구간이 $235.1 \leq m \leq 244.9$일 때, $n + \bar{x}$의 값은?

(단, 유효기간의 단위는 일이고, Z가 표준정규분포를 따르는 확률변수일 때, $P(|Z| \leq 1.96) = 0.95$로 계산한다.)

① 248   ② 252   ③ 256   ④ 260   ⑤ 264

길잡이 모집단이 정규분포 $N(m, \sigma^2)$을 따를 때, 크기가 n인 표본을 임의추출하여 구한 표본평균 $\bar{X}$의 값을 $\bar{x}$라 하면 모평균 m에 대한 신뢰도 95 %의 신뢰구간은

$$\bar{x} - 1.96 \frac{\sigma}{\sqrt{n}} \leq m \leq \bar{x} + 1.96 \frac{\sigma}{\sqrt{n}}$$

풀이 모평균 m에 대한 신뢰도 95 %의 신뢰구간은

$$\bar{x} - 1.96 \times \frac{10}{\sqrt{n}} \leq m \leq \bar{x} + 1.96 \times \frac{10}{\sqrt{n}} \text{이므로}$$

$$\bar{x} - \frac{19.6}{\sqrt{n}} = 235.1, \ \bar{x} + \frac{19.6}{\sqrt{n}} = 244.9$$

$$2 \times \frac{19.6}{\sqrt{n}} = 244.9 - 235.1 = 9.8$$

$$\sqrt{n} = 2 \times \frac{19.6}{9.8} = 4$$

즉, $n = 16$

$$\bar{x} = 235.1 + \frac{19.6}{\sqrt{16}} = 240$$

따라서 $n + \bar{x} = 16 + 240 = 256$

답 ③

유제

정답과 풀이 42쪽

6
[24010–0155]
어느 카페에서 판매하는 레모네이드 한 잔의 용량은 평균이 m, 표준편차가 σ인 정규분포를 따른다고 한다. 이 카페에서 판매하는 레모네이드 중에서 36잔을 임의추출하여 얻은 표본평균을 이용하여 구한 모평균 m에 대한 신뢰도 99 %의 신뢰구간이 $364.2 \leq m \leq 368.5$일 때, σ의 값은? (단, 용량의 단위는 mL이고, Z가 표준정규분포를 따르는 확률변수일 때, $P(|Z| \leq 2.58) = 0.99$로 계산한다.)

① 3   ② 4   ③ 5   ④ 6   ⑤ 7

7
[24010–0156]
어느 전기차 충전소에서 전기차 1대를 80 %까지 충전하는 데 걸리는 시간은 평균이 m분, 표준편차가 16분인 정규분포를 따른다고 한다. 이 전기차 충전소에서 80 % 충전한 전기차 중에서 n대를 임의추출하여 구한 표본평균을 이용하여 구한 m에 대한 신뢰도 95 %의 신뢰구간이 $a \leq m \leq b$이다. $b - a = 7.84$일 때, 자연수 n의 값을 구하시오.

(단, Z가 표준정규분포를 따르는 확률변수일 때, $P(|Z| \leq 1.96) = 0.95$로 계산한다.)

[24010–0157]

1 어느 모집단의 확률변수 X의 확률분포를 표로 나타내면 오른쪽
과 같다. 이 모집단에서 크기가 3인 표본을 임의추출하여 구한 표
본평균을 $\overline{X}$라 할 때, $P(\overline{X}=9a)$의 값은?

X	1	3	7	합계
$P(X=x)$	a	$\dfrac{1}{2}$	$\dfrac{1}{6}$	1

① $\dfrac{5}{36}$　　　② $\dfrac{11}{72}$　　　③ $\dfrac{1}{6}$　　　④ $\dfrac{13}{72}$　　　⑤ $\dfrac{7}{36}$

[24010–0158]

2 어느 모집단의 이산확률변수 X에 대하여 $E(X)=3$, $E(X^2)=25$이다. 이 모집단에서 크기가 32인 표본을
임의추출하여 구한 표본평균을 $\overline{X}$라 할 때, $\sigma(\overline{X})$의 값은?

① $\dfrac{1}{2}$　　　② $\dfrac{\sqrt{2}}{2}$　　　③ 1　　　④ $\sqrt{2}$　　　⑤ 2

[24010–0159]

3 어느 모집단의 확률변수 X의 확률분포를 표로 나타내면 오른쪽
과 같다. 이 모집단에서 크기가 8인 표본을 임의추출하여 구한 표
본평균을 $\overline{X}$라 하자. $E(\overline{X})=5$일 때, $V(a\overline{X}+3)$의 값은?

X	a	4	8	합계
$P(X=x)$	$\dfrac{1}{4}$	$\dfrac{3}{8}$	$\dfrac{3}{8}$	1

① 1　　　② 2　　　③ 3　　　④ 4　　　⑤ 5

[24010–0160]

4 정규분포 $N(8, 3^2)$을 따르는 모집단에서 크기가 25인 표본을 임의추출하여 구한
표본평균을 $\overline{X}$라 하자. $P(8-a \leq \overline{X} \leq 8+a)=0.9876$일 때, 양수 a의 값을 오른
쪽 표준정규분포표를 이용하여 구한 것은?

z	$P(0 \leq Z \leq z)$
1.0	0.3413
1.5	0.4332
2.0	0.4772
2.5	0.4938

① 1　　　② $\dfrac{3}{2}$　　　③ 2

④ $\dfrac{5}{2}$　　　⑤ 3

[24010-0161]

5 어느 모집단의 확률변수 X가 평균이 m, 표준편차가 12인 정규분포를 따른다. 이 모집단에서 크기가 16인 표본을 임의추출하여 구한 표본평균을 $\overline{X}$라 할 때, $P(X \le 86) = P(\overline{X} \ge 91)$이 되도록 하는 상수 m의 값을 구하시오.

[24010-0162]

6 정규분포 $N(14, 2^2)$을 따르는 모집단에서 크기가 4인 표본을 임의추출하여 구한 표본평균을 $\overline{X}$, 정규분포 $N(8, 6^2)$을 따르는 모집단에서 크기가 9인 표본을 임의추출하여 구한 표본평균을 $\overline{Y}$라 하자.
$P(\overline{X} \le 15) + P(\overline{Y} \ge 10)$의 값은?

① $\dfrac{1}{2}$ ② $\dfrac{3}{4}$ ③ 1 ④ $\dfrac{5}{4}$ ⑤ $\dfrac{3}{2}$

[24010-0163]

7 어느 지역 성인 1명의 휴일 여가 시간은 평균이 334분, 표준편차가 24분인 정규분포를 따른다고 한다. 이 지역의 성인 중 64명을 임의추출하였을 때, 이 64명의 휴일 여가 시간의 평균이 331분 이하일 확률을 오른쪽 표준정규분포표를 이용하여 구한 것은?

z	$P(0 \le Z \le z)$
1.0	0.3413
1.5	0.4332
2.0	0.4772
2.5	0.4938

① 0.0062 ② 0.0228 ③ 0.0668
④ 0.0824 ⑤ 0.1587

[24010-0164]

8 모평균이 m, 모표준편차가 σ인 정규분포를 따르는 모집단에서 크기가 100인 표본을 임의추출하여 구한 표본평균이 14.36일 때, 이 표본을 이용하여 구한 모평균 m에 대한 신뢰도 95 %의 신뢰구간이 $a \le m \le 15.34$이다. $a + \sigma$의 값은? (단, Z가 표준정규분포를 따르는 확률변수일 때, $P(|Z| \le 1.96) = 0.95$로 계산한다.)

① 18.38 ② 18.68 ③ 18.98 ④ 19.28 ⑤ 19.58

[24010-0165]

1 어느 모집단의 확률변수 X는 정규분포 $N(10, \sigma^2)$을 따른다. 이 모집단에서 크기가 36인 표본을 임의추출하여 구한 표본평균을 $\overline{X}$라 하자. $\sigma(\overline{X})=2$일 때, $E(\overline{X})+V(X)$의 값은?

① 142   ② 146   ③ 150   ④ 154   ⑤ 158

[24010-0166]

2 어느 회사에서 생산하는 비누 1개의 무게는 평균이 m g, 표준편차가 4 g인 정규분포를 따른다고 한다. 이 회사에서 생산하는 비누 중에서 64개를 임의추출하여 얻은 표본평균을 이용하여 구한 m에 대한 신뢰도 95 %의 신뢰구간이 $93.52 \le m \le a$일 때, a의 값은?

(단, Z가 표준정규분포를 따르는 확률변수일 때, $P(|Z| \le 1.96)=0.95$로 계산한다.)

① 94.48   ② 94.73   ③ 94.98   ④ 95.23   ⑤ 95.48

[24010-0167]

3 1부터 5까지의 자연수가 하나씩 적혀 있는 5개의 공이 들어 있는 주머니가 있다. 이 주머니에서 임의로 한 개의 공을 꺼내어 공에 적혀 있는 수를 확인한 후 다시 넣는 시행을 한다. 이 시행을 12번 반복하여 확인한 12개의 수의 평균을 $\overline{X}$라 할 때, $V(\overline{X})$의 값은?

① $\dfrac{1}{6}$ ② $\dfrac{1}{4}$ ③ $\dfrac{1}{3}$

④ $\dfrac{5}{12}$ ⑤ $\dfrac{1}{2}$

[24010-0168]

4 어느 학교의 학생 한 명이 일주일에 사용하는 물의 양은 평균이 200, 표준편차가 36인 정규분포를 따른다고 한다. 이 학교의 학생 중에서 임의추출한 81명의 일주일에 사용하는 물의 양의 표본평균이 192 이상이고 202 이하일 확률을 오른쪽 표준정규분포표를 이용하여 구한 것은? (단, 물의 양의 단위는 L이다.)

z	$P(0 \le Z \le z)$
0.5	0.1915
1.0	0.3413
1.5	0.4332
2.0	0.4772

① 0.5328   ② 0.6247   ③ 0.6687

④ 0.7745   ⑤ 0.8185

[24010-0169]

5 어느 모집단의 확률변수 X의 확률분포를 표로 나타내면 오른쪽과 같다. 이 모집단에서 크기가 4인 표본을 임의추출하여 구한 표본평균을 $\overline{X}$라 하자. $\mathrm{V}(\overline{X}) = \dfrac{5}{4}$일 때, $\mathrm{E}(\overline{X})$의 값은?

(단, $0 < a < 6$)

X	0	a	6	합계
$\mathrm{P}(X=x)$	$\dfrac{1}{3}$	$\dfrac{1}{2}$	$\dfrac{1}{6}$	1

① 1   ② 2   ③ 3   ④ 4   ⑤ 5

[24010-0170]

6 어느 과수원에서 수확하는 사과 1개의 무게는 정규분포 $\mathrm{N}(m, 3^2)$을 따른다고 한다. 이 과수원에서 수확한 사과 중에서 n개를 임의추출하여 얻은 표본평균이 $\overline{x}$일 때, 모평균 m에 대한 신뢰도 95 %의 신뢰구간은 $208.53 \leq m \leq 211.47$이다. $n + \overline{x}$의 값은?

(단, 무게의 단위는 g이고, Z가 표준정규분포를 따르는 확률변수일 때, $\mathrm{P}(|Z| \leq 1.96) = 0.95$로 계산한다.)

① 220   ② 222   ③ 224   ④ 226   ⑤ 228

[24010-0171]

7 어느 모집단의 확률변수 X의 확률분포를 표로 나타내면 오른쪽과 같다. 이 모집단에서 크기가 3인 표본을 임의추출하여 구한 표본평균을 $\overline{X}$라 하자. 3 이하의 어떤 자연수 k에 대하여

$$\mathrm{P}(\overline{X}=k) = \mathrm{P}(X=k)$$

를 만족시킨다. $a > b > 0$일 때, $\dfrac{a}{b}$의 값은?

X	1	2	3	합계
$\mathrm{P}(X=x)$	a	$\dfrac{1}{7}$	b	1

① $\dfrac{3}{2}$ ② 2   ③ $\dfrac{5}{2}$ ④ 3   ⑤ $\dfrac{7}{2}$

[24010-0172]

8 어느 지역에 살고 있는 성인 한 명이 한 달 동안 걷는 거리는 평균이 m, 표준편차가 σ인 정규분포를 따른다고 한다. 이 지역에 살고 있는 성인 중에서 임의추출한 100명의 한 달 동안 걷는 거리의 표본평균을 $\overline{X}$라 하자.

$$\mathrm{P}(\overline{X} \leq 75) = 0.5, \ \mathrm{P}(\overline{X} \geq 72) = 0.9332$$

일 때, $m + \sigma$의 값을 오른쪽 표준정규분포표를 이용하여 구한 것은?

(단, 거리의 단위는 km이다.)

z	$\mathrm{P}(0 \leq Z \leq z)$
0.5	0.1915
1.0	0.3413
1.5	0.4332
2.0	0.4772

① 83   ② 86   ③ 89   ④ 92   ⑤ 95

[24010–0173]

1 각 면에 1, 2, 3, 4의 숫자가 하나씩 적혀 있는 정사면체 모양의 상자와 각 면에 2, 3, 4, 5의 숫자가 하나씩 적혀 있는 정사면체 모양의 상자를 사용하여 다음의 시행을 한다.

> 두 개의 상자를 동시에 한 번 던져
> 바닥에 닿은 두 면에 적혀 있는 두 수가 다르면 두 수 중 작은 수를 기록하고,
> 바닥에 닿은 두 면에 적혀 있는 두 수가 같으면 6을 기록한다.

위의 시행을 2번 반복하여 기록한 두 수의 평균을 $\overline{X}$라 할 때, $P(\overline{X}=4)=\dfrac{q}{p}$이다. $p+q$의 값을 구하시오.

(단, p와 q는 서로소인 자연수이다.)

[24010–0174]

2 확률변수 X는 정규분포 $N(m_1, \sigma_1^{\,2})$, 확률변수 Y는 정규분포 $N(m_2, \sigma_2^{\,2})$을 따르고, 확률변수 X의 확률밀도함수 $f(x)$와 확률변수 Y의 확률밀도함수 $g(x)$가 다음 조건을 만족시킨다.

> (가) 모든 실수 x에 대하여 $g(x)=f(-x)$이다.
> (나) $g(1)=f(9)$

확률변수 X의 모집단에서 크기가 n인 표본을 임의추출하여 구한 표본평균을 $\overline{X}$라 하고, 확률변수 Y의 모집단에서 크기가 16인 표본을 임의추출하여 구한 표본평균을 $\overline{Y}$라 하자. $P(\overline{X} \leq 3)=P(\overline{Y} \geq -1)$일 때, 자연수 n의 값을 구하시오.

[24010–0175]

3 어느 회사에서 근무하는 택배 기사 한 명의 1일 배송 거리는 평균이 m이고 표준편차가 σ인 정규분포를 따른다고 한다. 이 회사에서 근무하는 택배 기사 49명을 임의추출하여 얻은 1일 배송 거리의 표본평균이 $\overline{x_1}$일 때, 모평균 m에 대한 신뢰도 95 %의 신뢰구간이 $154.25 \leq m \leq a$이다. 이 회사에서 근무하는 택배 기사 36명을 임의추출하여 얻은 1일 배송 거리의 표본평균이 $\overline{x_2}$일 때, 모평균 m에 대한 신뢰도 99 %의 신뢰구간이 $b \leq m \leq 182.65$이다. $\overline{x_2}-\overline{x_1}=21.3$일 때, $a+b$의 값은? (단, 배송 거리의 단위는 km이고, Z가 표준정규분포를 따르는 확률변수일 때, $P(|Z| \leq 1.96)=0.95$, $P(|Z| \leq 2.58)=0.99$로 계산한다.)

① 331.9   ② 332.9   ③ 333.9   ④ 334.9   ⑤ 335.9

대표 기출 문제

모집단에서 임의추출한 표본의 표본평균의 분포를 이용하여 확률을 구하는 문제와 표본평균의 값을 이용하여 모평균에 대한 신뢰구간을 구하는 문제가 출제된다.

2023학년도 수능

어느 회사에서 생산하는 샴푸 1개의 용량은 정규분포 $N(m, \sigma^2)$을 따른다고 한다. 이 회사에서 생산하는 샴푸 중에서 16개를 임의추출하여 얻은 표본평균을 이용하여 구한 m에 대한 신뢰도 95 %의 신뢰구간이 $746.1 \leq m \leq 755.9$이다. 이 회사에서 생산하는 샴푸 중에서 n개를 임의추출하여 얻은 표본평균을 이용하여 구하는 m에 대한 신뢰도 99 %의 신뢰구간이 $a \leq m \leq b$일 때, $b-a$의 값이 6 이하가 되기 위한 자연수 n의 최솟값은? (단, 용량의 단위는 mL이고, Z가 표준정규분포를 따르는 확률변수일 때, $P(|Z| \leq 1.96) = 0.95$, $P(|Z| \leq 2.58) = 0.99$로 계산한다.) [3점]

① 70   ② 74   ③ 78   ④ 82   ⑤ 86

출제 의도 ▷ 주어진 조건을 만족시키는 모평균에 대한 신뢰구간을 구할 수 있는지를 묻는 문제이다.

풀이 ▷ 이 회사에서 생산하는 샴푸 1개의 용량을 확률변수 X라 하면 확률변수 X는 정규분포 $N(m, \sigma^2)$을 따른다.

표본의 크기가 16일 때의 표본평균을 $\overline{x_1}$이라 하면 모평균 m에 대한 신뢰도 95 %의 신뢰구간은

$$\overline{x_1} - 1.96 \times \frac{\sigma}{\sqrt{16}} \leq m \leq \overline{x_1} + 1.96 \times \frac{\sigma}{\sqrt{16}}$$

이므로

$$2 \times 1.96 \times \frac{\sigma}{\sqrt{16}} = 755.9 - 746.1$$

즉, $0.98\sigma = 9.8$

따라서 $\sigma = 10$이다.

표본의 크기가 n일 때의 표본평균을 $\overline{x_2}$라 하면 모평균 m에 대한 신뢰도 99 %의 신뢰구간은

$$\overline{x_2} - 2.58 \times \frac{10}{\sqrt{n}} \leq m \leq \overline{x_2} + 2.58 \times \frac{10}{\sqrt{n}}$$

이므로

$$b - a = 2 \times 2.58 \times \frac{10}{\sqrt{n}} = \frac{51.6}{\sqrt{n}}$$

이때 $\dfrac{51.6}{\sqrt{n}} \leq 6$, 즉 $\sqrt{n} \geq \dfrac{51.6}{6} = 8.6$이어야 하므로

$$n \geq 8.6^2 = 73.96$$

이다. 따라서 자연수 n의 최솟값은 74이다.

답 ②

고1~2 내신 중점 로드맵

과목	고교 입문	기초	기본	특화	+	단기
국어	고등 예비 과정	내 등급은?	윤혜정의 개념의 나비효과 입문편/워크북	**기본서** 올림포스	**국어 특화** 국어 독해의 원리 | 국어 문법의 원리		단기 특강
영어			어휘가 독해다!	올림포스 전국연합 학력평가 기출문제집	**영어 특화** Grammar POWER | Reading POWER Listening POWER | Voca POWER		
수학			정승익의 수능 개념 잡는 대박구문 주혜연의 해석공식 논리 구조편				
			기초 50일 수학	**유형서** 올림포스 유형편	**고급** 올림포스 고난도		
			매쓰 디렉터의 고1 수학 개념 끝장내기		**수학 특화** 수학의 왕도		
한국사 사회		**인공지능** 수학과 함께하는 고교 AI 입문 수학과 함께하는 AI 기초	**기본서** 개념완성 개념완성 문항편	고등학생을 위한 多담은 한국사 연표		
과학						

과목	시리즈명	특징	수준	권장 학년
전과목	고등예비과정	예비 고등학생을 위한 과목별 단기 완성	●	예비 고1
	내 등급은?	고1 첫 학력평가+반 배치고사 대비 모의고사	●	예비 고1
국/수/영	올림포스	내신과 수능 대비 EBS 대표 국어·수학·영어 기본서	●	고1~2
	올림포스 전국연합학력평가 기출문제집	진국연합학력평가 문제 + 개념 기본서	●	고1~2
	단기 특강	단기간에 끝내는 유형별 문항 연습	●	고1~2
한/사/과	개념완성 & 개념완성 문항편	개념 한 권+문항 한 권으로 끝내는 한국사·탐구 기본서	●	고1~2
국어	윤혜정의 개념의 나비효과 입문편/워크북	윤혜정 선생님과 함께 시작하는 국어 공부의 첫걸음	●	예비 고1~고2
	어휘가 독해다!	학평·모평·수능 출제 필수 어휘 학습	●	예비 고1~고2
	국어 독해의 원리	내신과 수능 대비 문학·독서(비문학) 특화서	●	고1~2
	국어 문법의 원리	필수 개념과 필수 문항의 언어(문법) 특화서	●	고1~2
영어	정승익의 수능 개념 잡는 대박구문	정승익 선생님과 CODE로 이해하는 영어 구문	●	예비 고1~고2
	주혜연의 해석공식 논리 구조편	주혜연 선생님과 함께하는 유형별 지문 독해	●	예비 고1~고2
	Grammar POWER	구문 분석 트리로 이해하는 영어 문법 특화서	●	고1~2
	Reading POWER	수준과 학습 목적에 따라 선택하는 영어 독해 특화서	●	고1~2
	Listening POWER	수준별 수능형 영어듣기 모의고사	●	고1~2
	Voca POWER	영어 교육과정 필수 어휘와 어원별 어휘 학습	●	고1~2
수학	50일 수학	50일 만에 완성하는 중학~고교 수학의 맥	●	예비 고1~고2
	매쓰 디렉터의 고1 수학 개념 끝장내기	스타강사 강의, 손글씨 풀이와 함께 고1 수학 개념 정복	●	예비 고1~고1
	올림포스 유형편	유형별 반복 학습을 통해 실력 잡는 수학 유형서	●	고1~2
	올림포스 고난도	1등급을 위한 고난도 유형 집중 연습	●	고1~2
	수학의 왕도	직관적 개념 설명과 세분화된 문항 수록 수학 특화서	●	고1~2
한국사	고등학생을 위한 多담은 한국사 연표	연표로 흐름을 잡는 한국사 학습	●	예비 고1~고2
기타	수학과 함께하는 고교 AI 입문/AI 기초	파이선 프로그래밍, AI 알고리즘에 필요한 수학 개념 학습	●	예비 고1~고2

고2~N수 수능 집중 로드맵

수능 입문	기출 / 연습	연계+연계 보완	심화 / 발전	모의고사

수능 입문
- 윤혜정의 개념/패턴의 나비효과
- 하루 6개 1등급 영어독해
- 수능 감(感)잡기
- 수능특강 Light

강의노트
- 수능개념

기출 / 연습
- 윤혜정의 기출의 나비효과
- 수능 기출의 미래
- 수능 기출의 미래 미니모의고사
- 수능특강Q 미니모의고사

연계+연계 보완
- 수능연계교재의 VOCA 1800
- 수능연계 기출 Vaccine VOCA 2200

연계
- 수능특강 (감수)
- 수능완성 (감수)

- 수능특강 사용설명서
- 수능특강 연계 기출
- 수능 영어 간접연계 서치라이트
- 수능완성 사용설명서

심화 / 발전
- 수능연계완성 3주 특강
- 박봄의 사회·문화 표 분석의 패턴

모의고사
- FINAL 실전모의고사
- 만점마무리 봉투모의고사
- 만점마무리 봉투모의고사 시즌2

구분	시리즈명	특징	수준	영역
수능 입문	윤혜정의 개념/패턴의 나비효과	윤혜정 선생님과 함께하는 수능 국어 개념/패턴 학습	●	국어
	하루 6개 1등급 영어독해	매일 꾸준한 기출문제 학습으로 완성하는 1등급 영어 독해	●	영어
	수능 감(感) 잡기	동일 소재·유형의 내신과 수능 문항 비교로 수능 입문	●	국/수/영
	수능특강 Light	수능 연계교재 학습 전 연계교재 입문서	●	영어
	수능개념	EBSi 대표 강사들과 함께하는 수능 개념 다지기	●	전 영역
기출/연습	윤혜정의 기출의 나비효과	윤혜정 선생님과 함께하는 까다로운 국어 기출 완전 정복	●	국어
	수능 기출의 미래	올해 수능에 딱 필요한 문제만 선별한 기출문제집	●	전 영역
	수능 기출의 미래 미니모의고사	부담없는 실전 훈련, 고품질 기출 미니모의고사	●	국/수/영
	수능특강Q 미니모의고사	매일 15분으로 연습하는 고품격 미니모의고사	●	전 영역
연계 + 연계 보완	수능특강	최신 수능 경향과 기출 유형을 분석한 종합 개념서	●	전 영역
	수능특강 사용설명서	수능 연계교재 수능특강의 지문·자료·문항 분석	●	국/영
	수능특강 연계 기출	수능특강 수록 작품·지문과 연결된 기출문제 학습	●	국어
	수능완성	유형 분석과 실전모의고사로 단련하는 문항 연습	●	전 영역
	수능완성 사용설명서	수능 연계교재 수능완성의 국어·영어 지문 분석	●	국/영
	수능 영어 간접연계 서치라이트	출제 가능성이 높은 핵심만 모아 구성한 간접연계 대비 교재	●	영어
	수능연계교재의 VOCA 1800	수능특강과 수능완성의 필수 중요 어휘 1800개 수록	●	영어
	수능연계 기출 Vaccine VOCA 2200	수능-EBS 연계 및 평가원 최다 빈출 어휘 선별 수록	●	영어
심화/발전	수능연계완성 3주 특강	단기간에 끝내는 수능 1등급 변별 문항 대비서	●	국/수/영
	박봄의 사회·문화 표 분석의 패턴	박봄 선생님과 사회·문화 표 분석 문항의 패턴 연습	●	사회탐구
모의고사	FINAL 실전모의고사	EBS 모의고사 중 최다 분량, 최다 과목 모의고사	●	전 영역
	만점마무리 봉투모의고사	실제 시험지 형태와 OMR 카드로 실전 훈련 모의고사	●	전 영역
	만점마무리 봉투모의고사 시즌2	수능 완벽대비 최종 봉투모의고사	●	국/수/영

한눈에 보는 정답

01 여러 가지 순열

유제 본문 5~9쪽

1 ②	2 ④	3 ①	4 ②	5 ③

기초 연습 본문 10~11쪽

1 ③	2 ②	3 ⑤	4 ①	5 ④
6 ④	7 ⑤	8 ⑤		

기본 연습 본문 12~13쪽

1 ④	2 ④	3 ③	4 ⑤	5 ⑤
6 ②	7 ②			

실력 완성 본문 14쪽

1 180	2 344	3 ②

02 중복조합과 이항정리

유제 본문 17~23쪽

1 ①	2 ②	3 ①	4 ④	5 ③
6 ②	7 ②			

기초 연습 본문 24~25쪽

1 ③	2 ④	3 ④	4 ②	5 ③
6 ②	7 ①	8 ①		

기본 연습 본문 26~27쪽

1 ②	2 ①	3 ②	4 ⑤	5 146
6 ⑤	7 260	8 ④		

실력 완성 본문 28쪽

1 35	2 ①	3 688

03 확률의 뜻과 활용

유제 본문 31~37쪽

1 ③	2 ⑤	3 ③	4 ③	5 ②
6 ⑤	7 ⑤			

기초 연습 본문 38~39쪽

1 ③	2 ③	3 ④	4 ④	5 ②
6 ②	7 ⑤	8 ④		

기본 연습 본문 40~41쪽

1 ②	2 ③	3 43	4 ④	5 ②
6 ③	7 ⑤	8 ③		

실력 완성 본문 42쪽

1 ③	2 ②	3 13

04 조건부확률

유제 본문 45~51쪽

1 ⑤	2 ③	3 ②	4 14	5 ③

기초 연습 본문 52~53쪽

1 ③	2 ④	3 ②	4 ②	5 ②
6 ⑤	7 ③	8 91		

기본 연습 본문 54~55쪽

1 ③	2 ④	3 ④	4 ④	5 3
6 ④	7 89	8 ③		

실력 완성 본문 56쪽

1 ④	2 ③	3 104

05 이산확률변수의 확률분포

유제 본문 59~67쪽

1 ④	2 ⑤	3 ③	4 4	5 ④
6 ②	7 ①	8 10	9 ①	10 50

기초 연습 본문 68쪽

1 ②	2 ④	3 ⑤	4 ①	5 27

기본 연습 본문 69~70쪽

1 ③	2 ①	3 ④	4 ②	5 158
6 ⑤	7 ①	8 206		

실력 완성 본문 71쪽

1 ③	2 ⑤	3 52

06 연속확률변수의 확률분포

유제 본문 75~81쪽

1 ②	2 ④	3 ④	4 ③	5 ①
6 ③	7 ②	8 ④		

기초 연습 본문 82쪽

1 ④	2 ③	3 ③	4 ②	5 ⑤

기본 연습 본문 83~84쪽

1 ①	2 ④	3 ②	4 54	5 ⑤
6 ①	7 ③	8 ①		

실력 완성 본문 85쪽

1 ②	2 ①	3 ④

07 통계적 추정

유제 본문 89~95쪽

1 ④	2 ②	3 ①	4 ⑤	5 ③
6 ③	7 64			

기초 연습 본문 96~97쪽

1 ④	2 ②	3 ③	4 ②	5 90
6 ③	7 ⑤	8 ①		

기본 연습 본문 98~99쪽

1 ④	2 ⑤	3 ①	4 ③	5 ③
6 ④	7 ②	8 ⑤		

실력 완성 본문 100쪽

1 287	2 144	3 ③

	진	정	한		
			스	승	

지식을 전달하는 스승이 있습니다.
기술을 전수하는 스승이 있습니다.
삶으로 가르치는 스승이 있습니다.
모두가 우리의 인생에 필요한 분들입니다.

**그러나 무엇보다도 진정한 스승은
생명을 살리는 스승입니다.**

또 비유로 말씀하시되 소경이 소경을 인도할 수 있느냐 둘이 다 구덩이에 빠지지 아니하겠느냐
— 누가복음 6장 39절 —

나는 꿈꾸고 우리는 이룹니다.
서울여자대학교

세상을 이끌어갈 우리,

실천적 교육으로 키워낸 전문성과

바른 교육으로 길러낸 인성으로

미래를 선도합니다.

현재의 우리가 미래를 만들어 나갑니다.
Learn to Share, Share to Learn!

글로벌ICT인문융합학부 신설   사회수요에 맞춘 실무형 집중교육과정 마이크로전공 운영

2025학년도 신·편입학 모집

서울여자대학교
SEOUL WOMEN'S UNIVERSITY

입학처 http://admission.swu.ac.kr   입학상담 및 문의 02-970-5051~4

한국교육과정평가원
감수
본 교재는 2025학년도 수능
연계교재로서 한국교육과정
평가원이 감수하였습니다.

정답과 풀이

수능특강

수학영역
확률과 통계

2025학년도 수능 연계교재

본 교재는 대학수학능력시험을 준비하는 데 도움을 드리고자 수학과 교육과정을 토대로 제작된 교재입니다.
학교에서 선생님과 함께 교과서의 기본 개념을 충분히 익힌 후 활용하시면 더 큰 학습 효과를 얻을 수 있습니다.

수능특강

수학영역 확률과 통계

정답과 풀이

01 여러 가지 순열

유제   본문 5~9쪽

1 ②   2 ④   3 ①   4 ②   5 ③

1 서로 다른 6가지 색을 칠하는 원순열의 수는
$$(6-1)!=5!=120$$

답 ②

2 서로 이웃한 2개의 접시에 적혀 있는 수의 합이 4 이하가 될 수 있는 경우는 그 합이 3 또는 4인 경우이다.
서로 이웃한 2개의 접시에 적혀 있는 수의 합이 3인 경우는 1이 적힌 접시와 2가 적힌 접시가 서로 이웃하는 경우이고, 4인 경우는 1이 적힌 접시와 3이 적힌 접시가 서로 이웃하는 경우이다.
1이 적힌 접시와 2가 적힌 접시가 서로 이웃하는 경우의 수는
$$(5-1)! \times 2 = 4! \times 2 = 48$$
1이 적힌 접시와 3이 적힌 접시가 서로 이웃하는 경우의 수는
$$(5-1)! \times 2 = 4! \times 2 = 48$$
1이 적힌 접시와 2가 적힌 접시가 서로 이웃하고, 동시에 1이 적힌 접시와 3이 적힌 접시가 서로 이웃하는 경우의 수는
$$(4-1)! \times 2 = 3! \times 2 = 12$$
따라서 구하는 경우의 수는
$$48+48-12=84$$

답 ④

3 십만의 자리의 수가 될 수 있는 수는 0을 제외한 2개이고, 만의 자리의 수, 천의 자리의 수, 백의 자리의 수, 십의 자리의 수가 될 수 있는 수는 각각 3개이고, 일의 자리의 수가 될 수 있는 수는 0이다.
따라서 구하는 자연수의 개수는
$$2 \times {}_3\Pi_4 \times 1 = 2 \times 3^4 = 162$$

답 ①

4 6개의 볼펜 중 5개를 택하는 경우는 검은색, 파란색, 빨간색 중 한 가지 색만 1개를 선택하면 되므로 이 경우의 수는 3이다. 1개를 선택한 색의 볼펜을 a, 나머지 두 가지 색의 볼펜을 각각 b, c라 하면 이 5개의 볼펜을 5명의 학생에게 1개씩 나누어 주는 경우의 수는 a, b, b, c, c를 일렬로 나열하는 경우의 수와 같다.

따라서 구하는 경우의 수는
$$3 \times \frac{5!}{2! \times 2!} = 90$$

답 ②

5 A지점에서 Q지점까지 최단 거리로 가려면 오른쪽으로 5칸, 위쪽으로 4칸 이동해야 하므로 이 경우의 수는
$$\frac{9!}{5! \times 4!} = 126$$
이 중 A지점에서 P지점을 지나 Q지점까지 최단 거리로 가려면 오른쪽으로 2칸, 위쪽으로 2칸 이동한 후 오른쪽으로 3칸, 위쪽으로 2칸 이동해야 하므로 이 경우의 수는
$$\frac{4!}{2! \times 2!} \times \frac{5!}{3! \times 2!} = 6 \times 10 = 60$$
그러므로 A지점에서 P지점은 지나지 않고 Q지점까지 최단 거리로 가는 경우의 수는
$$126-60=66$$
Q지점에서 B지점까지 최단 거리로 가려면 오른쪽으로 3칸, 위쪽으로 1칸 이동해야 하므로 이 경우의 수는
$$\frac{4!}{3!} = 4$$
따라서 구하는 경우의 수는
$$66 \times 4 = 264$$

답 ③

Level **1** 기초 연습   본문 10~11쪽

1 ③   2 ②   3 ⑤   4 ①   5 ④
6 ④   7 ⑤   8 ⑤

1 $${}_2\Pi_4 + {}_3\Pi_2 = 2^4 + 3^2 = 16 + 9 = 25$$

답 ③

2 n명의 청소년이 원 모양의 탁자에 둘러앉는 원순열의 수는
$$(n-1)! = 6$$
$$n-1=3$$
따라서 $n=4$

답 ②

3

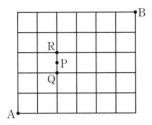

P지점을 지나려면 그림의 Q지점과 R지점을 지나야 한다.
A지점에서 Q지점까지 최단 거리로 가려면 오른쪽으로 2칸, 위쪽으로 2칸 이동해야 하므로 이 경우의 수는

$$\frac{4!}{2! \times 2!} = 6$$

R지점에서 B지점까지 최단 거리로 가려면 오른쪽으로 4칸, 위쪽으로 2칸 이동해야 하므로 이 경우의 수는

$$\frac{6!}{4! \times 2!} = 15$$

따라서 구하는 경우의 수는

$$6 \times 15 = 90$$

답 ⑤

4 주사위의 눈의 수 중 15의 약수는 1, 3, 5이므로 1, 3, 5 중에서 중복을 허락하여 4번 택하는 중복순열의 수는

$$_3\Pi_4 = 3^4 = 81$$

답 ①

5 서로 다른 6가지 색 중 서로 다른 5가지 색을 택하는 경우의 수는

$$_6C_5 = {}_6C_1 = 6$$

택한 5가지 색 중 내부의 정사각형에 칠할 색을 택하는 경우의 수는

$$_5C_1 = 5$$

남은 4가지 색을 남은 4개의 영역에 칠하는 원순열의 수는

$$(4-1)! = 3! = 6$$

따라서 구하는 경우의 수는

$$6 \times 5 \times 6 = 180$$

답 ④

다른 풀이

서로 다른 6가지 색 중 서로 다른 5가지 색을 택하는 경우의 수는 $_6C_5 = {}_6C_1 = 6$

택한 5가지 색을 5개의 영역에 한 가지씩 칠하는 경우의 수는 5!이고, 그림의 도형을 회전하면 같아지는 것이 4가지씩 있으므로 구하는 경우의 수는

$$6 \times \frac{5!}{4} = 180$$

6 X의 바로 양옆에 C와 T가 있도록 세 문자 X, C, T를 나열하는 경우의 수는 2이다.
세 문자 X, C, T를 나열한 것을 한 묶음 A라 하자. 7개의 문자 A, E, E, E, L, L, N을 일렬로 나열하는 경우의 수는

$$\frac{7!}{3! \times 2!} = 420$$

따라서 구하는 경우의 수는

$$2 \times 420 = 840$$

답 ④

7 서로 다른 6개의 공을 서로 다른 2개의 상자에 남김없이 나누어 넣는 경우의 수는

$$_2\Pi_6 = 2^6 = 64$$

이고, 6개의 공을 한 상자에 모두 넣는 경우의 수가 2이다.
따라서 구하는 경우의 수는

$$64 - 2 = 62$$

답 ⑤

8 4개의 학급을 정사각형의 네 변에 배열하는 원순열의 수는

$$(4-1)! = 3! = 6$$

각 학급의 대표 2명이 각각 자리를 정하는 경우의 수는

$$2^4 = 16$$

따라서 구하는 경우의 수는

$$6 \times 16 = 96$$

답 ⑤

Level ❷ 기본 연습 본문 12~13쪽

| 1 ④ | 2 ④ | 3 ③ | 4 ⑤ | 5 ⑤ |
| 6 ② | 7 ② | | | |

1 1명의 학생이 경제, 사회문화, 세계사, 한국지리 중 3개의 과목을 택하는 조합의 수는

$$_4C_3 = 4$$

4명의 학생이 이 4개의 조합을 중복을 허락하여 택하는 중복순열의 수는

$$_4\Pi_4 = 4^4 = 256$$

답 ④

2 서로 이웃한 2개의 의자에 적혀 있는 수의 곱이 항상 짝수가
되는 경우는 홀수가 적힌 의자끼리 서로 이웃하지 않는 경우
이다.
짝수가 적힌 의자 4개를 배열하는 원순열의 수는
$(4-1)!=6$
나열된 짝수가 적힌 의자의 사이사이에 홀수가 적힌 의자를
나열하는 경우의 수는
$4!=24$
따라서 구하는 경우의 수는
$6\times24=144$

답 ④

3 자음을 먼저 나열한 뒤 나열된 자음의 사이사이 중 3개에 모
음을 1개씩 나열하면 양 끝에는 자음이 나열되고, 모음끼리
는 서로 이웃하지 않도록 나열된다.
문자 b, b, c, c, f를 나열하는 경우의 수는
$\dfrac{5!}{2!\times2!}=30$
나열된 5개의 자음 사이사이 중 3개에 문자 a, a, e를 나열
하는 경우의 수는
$_4C_3\times\dfrac{3!}{2!}=12$
따라서 구하는 경우의 수는
$30\times12=360$

답 ③

4 각 자리의 수의 곱이 3의 배수이지만 9의 배수가 아니려면
각 자리의 수 중 3 또는 6이 1개 있어야 한다. 즉, 2, 4, 5
중에서 중복을 허락하여 네 개를 택해 일렬로 나열하는 경
우의 수는
$_3\Pi_4=81$
3 또는 6 중 하나를 택해 나열된 네 수의 사이사이와 양 끝
중 하나에 나열하는 경우의 수는
$_2C_1\times5=10$
따라서 구하는 경우의 수는
$81\times10=810$

답 ⑤

5 개인 식별 번호에 포함되는 숫자 1, 3, 5의 개수를 각각 x,
y, z라 하면

$x+y+z=6$ ...... ㉠
조건 (나)에 의하여
$x+3y+5z\geq22$ ...... ㉡
㉠, ㉡에 의하여 $y+2z\geq8$
조건 (가)에 의하여 x, y, z가 자연수이므로 x, y, z는
$x=1$, $y=1$, $z=4$ 또는 $x=1$, $y=2$, $z=3$
(i) $x=1$, $y=1$, $z=4$인 경우
1, 3, 5, 5, 5, 5를 일렬로 나열하는 경우의 수는
$\dfrac{6!}{4!}=30$
(ii) $x=1$, $y=2$, $z=3$인 경우
1, 3, 3, 5, 5, 5를 일렬로 나열하는 경우의 수는
$\dfrac{6!}{2!\times3!}=60$
(i), (ii)에 의하여 구하는 개인 식별 번호의 개수는
$30+60=90$

답 ⑤

6 한 상자에 넣은 모든 공에 적힌 수의 곱이 12의 배수인 상자
의 개수가 3이므로 3의 배수 3, 6, 9가 적힌 공은 3개의 상
자에 하나씩 넣어야 한다. 12의 배수가 되려면 3, 9가 적힌
공을 넣은 상자에는 4 또는 8이 적힌 공을 하나씩 넣어야 하
고, 6이 적힌 공을 넣은 상자에는 2가 적힌 공을 넣어야 한
다.
즉, 2, 3, 4, 6, 8, 9가 적힌 공을 같은 종류의 상자 3개에
나누어 넣는 경우의 수는 2이다.
남은 공 3개를 이 3개의 상자에 나누어 넣는 경우의 수는
$_3\Pi_3=3^3=27$
따라서 구하는 경우의 수는
$2\times27=54$

답 ②

7 그림을 회전하여 같아지는 것이 3개씩이므로 9명이 둘러앉
는 경우의 수는
$\dfrac{9!}{3}$
어린이 5명 중 3명이 어떤 변의 3개의 의자에 모두 앉는 경
우의 수는
$_5C_3\times3!\times_3C_1\times\dfrac{1}{3}=60$
이고, 나머지 6자리에 어른 4명과 남은 어린이 2명이 앉는
경우의 수는 6!이므로 삼각형의 어떤 변의 3개의 의자에 모
두 어린이만 앉도록 9명이 둘러앉는 경우의 수는

$60 \times 6!$

따라서 구하는 경우의 수는

$\dfrac{9!}{3} - 60 \times 6! = 108 \times 6!$

이므로

$k = 108$

답 ②

1 주어진 조건을 만족시키도록 같은 종류의 바구니 4개에 공 8개를 나누어 담는 경우는 다음과 같다.

(i) 한 바구니에 담는 두 공에 적힌 수의 곱이 홀수이고 두 공이 모두 흰 공인 경우

1, 3, 5가 적힌 흰 공 중에서 2개를 택해 한 바구니에 담는 경우의 수는 $_3C_2 = 3$이다. 짝수가 적힌 공 3개를 남은 바구니 3개에 1개씩 담는 경우의 수는 1이다. 남은 공 중 홀수가 적힌 흰 공은 2가 적힌 검은 공만 담은 바구니에 담아야 하고, 홀수가 적힌 검은 공 2개를 1개의 공만 담은 두 바구니에 나누어 담는 경우의 수는 2이다.

따라서 (i)의 경우의 수는

$3 \times 1 \times 2 = 6$

(ii) 한 바구니에 담는 두 공에 적힌 수의 곱이 홀수이고 두 공이 흰 공 1개, 검은 공 1개인 경우

1, 3, 5가 적힌 흰 공 중에서 1개와 1, 3이 적힌 검은 공 중에서 1개를 택해 한 바구니에 담는 경우의 수는 $_3C_1 \times _2C_1 = 6$이다. 짝수가 적힌 공 3개를 남은 바구니 3개에 1개씩 담는 경우의 수는 1이다. 남은 공 중 홀수가 적힌 검은 공을 짝수가 적힌 1개의 흰 공만 담은 두 바구니 중 한 바구니에 담는 경우의 수는 2이고, 홀수가 적힌 흰 공 2개를 1개의 공만 담은 두 바구니에 나누어 담는 경우의 수는 2이다.

따라서 (ii)의 경우의 수는

$6 \times 1 \times 2 \times 2 = 24$

(i), (ii)에 의하여 같은 종류의 바구니 4개에 공 8개를 나누어 담는 경우의 수는

$6 + 24 = 30$

이고, 이 네 바구니를 원형으로 나열하는 경우의 수는

$(4-1)! = 6$

따라서 구하는 경우의 수는

$30 \times 6 = 180$

답 180

2 집합 $A \cup B$의 원소를 정하는 경우의 수는

$_4C_3 = 4$

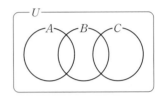

집합 $A \cup B$의 세 원소는 각각 네 집합 $A \cap B^C$, $A \cap B$, $A^C \cap B \cap C^C$, $B \cap C$ 중 하나의 원소이므로 그 집합을 정하는 경우의 수는

$_4\Pi_3 = 4^3 = 64$

집합 $(A \cup B)^C$의 원소는 두 집합 $B^C \cap C$, $(A \cup B \cup C)^C$ 중 하나의 원소이므로 그 집합을 정하는 경우의 수는

$_2\Pi_1 = 2^1 = 2$

따라서 조건 (가)를 만족시키는 순서쌍 (A, B, C)의 개수는

$4 \times 64 \times 2 = 512$

(i) $A = \varnothing$인 경우

집합 $A \cup B$의 세 원소는 각각 두 집합 $A^C \cap B \cap C^C$, $B \cap C$ 중 하나의 원소이므로 그 집합을 정하는 경우의 수는

$_2\Pi_3 = 2^3 = 8$

집합 $(A \cup B)^C$의 원소는 두 집합 $B^C \cap C$, $(A \cup B \cup C)^C$ 중 하나의 원소이므로 그 집합을 정하는 경우의 수는

$_2\Pi_1 = 2^1 = 2$

따라서 $A = \varnothing$이고, 조건 (가)를 만족시키는 순서쌍 (A, B, C)의 개수는

$4 \times 8 \times 2 = 64$

(ii) $C = \varnothing$인 경우

집합 $A \cup B$의 세 원소는 각각 세 집합 $A \cap B^C$, $A \cap B$, $A^C \cap B \cap C^C$ 중 하나의 원소이므로 그 집합을 정하는 경우의 수는

$_3\Pi_3=3^3=27$

집합 $(A \cup B)^C$의 원소는 집합 $(A \cup B \cup C)^C$의 원소이므로 $C=\varnothing$이고, 조건 (가)를 만족시키는 순서쌍 (A, B, C)의 개수는

$4 \times 27 = 108$

(iii) $A=C=\varnothing$인 경우

집합 $A \cup B$의 원소는 모두 집합 $A^C \cap B \cap C^C$의 원소이고, 집합 $(A \cup B)^C$의 원소는 집합 $(A \cup B \cup C)^C$의 원소이므로 $A=C=\varnothing$이고, 조건 (가)를 만족시키는 순서쌍 (A, B, C)의 개수는 4이다.

(i), (ii), (iii)에 의하여 $A=\varnothing$ 또는 $C=\varnothing$이고, 조건 (가)를 만족시키는 순서쌍 (A, B, C)의 개수는

$64+108-4=168$

따라서 구하는 순서쌍 (A, B, C)의 개수는

$512-168=344$

답 344

3 서로 이웃한 카드에 적힌 두 수의 최대공약수가 5의 약수가 되려면 2, 4, 6이 적힌 카드는 서로 이웃하면 안 되고, 3, 6이 적힌 카드도 서로 이웃하면 안 된다. 1, 3, 5가 적힌 카드를 먼저 나열한 후 2, 4, 6이 적힌 카드를 나열할 때, 1, 3, 5가 적힌 카드를 나열하는 경우는 다음과 같다.

(i) 1, 3, 5가 적힌 카드를 먼저 나열할 때, 3이 적힌 카드가 서로 이웃하는 경우

3이 적힌 2장의 카드를 한 묶음으로 1, 3, 5가 적힌 카드를 나열하는 경우의 수는

$\dfrac{5!}{2! \times 2!}=30$

나열된 카드의 사이사이와 양 끝 중 3이 적힌 카드와 이웃하는 3개의 자리를 제외한 4개의 자리 중 2개의 자리에 6이 적힌 카드를 나열하고, 3이 적힌 두 카드 사이에 2, 4가 적힌 카드 중 하나를 나열하고 남은 4개의 자리 중 3개의 자리에 남은 2, 4가 적힌 카드를 나열하는 경우의 수는

$_4C_2 \times 2 \times {}_4C_3 \times \dfrac{3!}{2!}=144$

따라서 (i)의 경우의 수는

$30 \times 144 = 4320$

(ii) 1, 3, 5가 적힌 카드를 먼저 나열할 때, 3이 적힌 카드가 서로 이웃하지 않는 경우

1, 5가 적힌 카드를 나열하고, 나열한 카드 사이사이 중 2개의 자리에 3이 적힌 카드를 나열하는 경우의 수는

$\dfrac{4!}{2! \times 2!} \times {}_5C_2 = 60$

나열된 카드의 사이사이와 양 끝 중 3이 적힌 카드와 이웃하는 4개의 자리를 제외한 3개의 자리 중 2개의 자리에 6이 적힌 카드를 나열하고, 6이 적힌 카드와 이웃하는 4개의 자리를 제외한 5개의 자리 중 4개의 자리에 2, 4가 적힌 카드를 나열하는 경우의 수는

$_3C_2 \times {}_5C_4 \times \dfrac{4!}{2! \times 2!}=90$

따라서 (ii)의 경우의 수는

$60 \times 90 = 5400$

(i), (ii)에 의하여 구하는 경우의 수는

$4320+5400=9720$

답 ②

02 중복조합과 이항정리

1 각 학생에게 공책을 1권씩 먼저 나누어 준 후 남은 공책 5권을 4명의 학생에게 나누어 주는 경우의 수는 서로 다른 4개에서 5개를 택하는 중복조합의 수와 같으므로

$$_4H_5 = {}_{4+5-1}C_5$$
$$= {}_8C_5 = {}_8C_3$$
$$= \frac{8 \times 7 \times 6}{3 \times 2 \times 1} = 56$$

답 ①

2 $\overline{AB}$, $\overline{BC}$, $\overline{CA}$의 값을 정하는 경우의 수는 3부터 8까지의 자연수 중에서 3개를 택하는 중복조합의 수와 같으므로

$$_6H_3 = {}_{6+3-1}C_3 = {}_8C_3$$
$$= \frac{8 \times 7 \times 6}{3 \times 2 \times 1} = 56$$

이때 $\overline{AB}$, $\overline{BC}$, $\overline{CA}$는 삼각형의 세 변의 길이이므로
$$\overline{AB} + \overline{BC} > \overline{CA}$$
를 만족시켜야 한다.
$\overline{AB} + \overline{BC} \leq \overline{CA}$인 경우는
$\overline{AB} = \overline{BC} = 3$일 때 $6 \leq \overline{CA} \leq 8$이므로 3가지,
$\overline{AB} = 3$, $\overline{BC} = 4$일 때 $7 \leq \overline{CA} \leq 8$이므로 2가지,
$\overline{AB} = 3$, $\overline{BC} = 5$일 때 $8 \leq \overline{CA} \leq 8$이므로 1가지,
$\overline{AB} = \overline{BC} = 4$일 때 $8 \leq \overline{CA} \leq 8$이므로 1가지
이므로 이 경우의 수는
$$3 + 2 + 1 + 1 = 7$$
따라서 조건을 만족시키는 삼각형 ABC의 개수는
$$56 - 7 = 49$$

답 ②

3 밤빵, 팥빵, 크림빵을 선택하는 개수를 각각 a, b, c라 하면
$$a+b+c=6 \ (a, b, c는 5 이하의 음이 아닌 정수)$$
를 만족시키는 순서쌍 (a, b, c)의 개수는 방정식
$a+b+c=6$을 만족시키는 음이 아닌 정수 a, b, c의 순서쌍 (a, b, c)의 개수인 $_3H_6$에서 a, b, c 중 하나가 6인 경우의 수 3을 빼면 된다.

따라서 구하는 경우의 수는
$$_3H_6 - 3 = {}_{3+6-1}C_6 - 3$$
$$= {}_8C_6 - 3$$
$$= {}_8C_2 - 3$$
$$= \frac{8 \times 7}{2 \times 1} - 3$$
$$= 28 - 3 = 25$$

답 ①

4 $_4C_0 - {}_4C_1 \times 5 + {}_4C_2 \times 5^2 - {}_4C_3 \times 5^3 + {}_4C_4 \times 5^4$
$$= \{1 + (-5)\}^4$$
$$= 4^4$$
$$= 256$$

답 ④

5 $\left(ax - \dfrac{4}{x}\right)^6$의 전개식의 일반항은

$$_6C_r(ax)^{6-r}\left(-\frac{4}{x}\right)^r = {}_6C_r \times a^{6-r}(-4)^r \times x^{6-2r}$$

(단, $r = 0, 1, 2, \cdots, 6$)

x^2의 계수는 $6 - 2r = 2$, $r = 2$일 때
$$_6C_2 \times a^4 \times (-4)^2 = 15$$
$$16a^4 = 1$$
$$(4a^2 + 1)(2a + 1)(2a - 1) = 0$$
따라서 양수 a의 값은 $\dfrac{1}{2}$이다.

답 ③

6 $_7C_1 + {}_7C_2 + {}_7C_3 + {}_7C_4 + {}_7C_5 + {}_7C_6$
$$= {}_7C_0 + {}_7C_1 + {}_7C_2 + {}_7C_3 + {}_7C_4 + {}_7C_5 + {}_7C_6 + {}_7C_7 - {}_7C_0 - {}_7C_7$$
$$= 2^7 - 2$$
$$= 128 - 2$$
$$= 126$$

답 ②

7 $\displaystyle\sum_{n=1}^{9} {}_{a_n}C_{n-1} = {}_8C_0 + {}_9C_1 + {}_8C_2 + {}_9C_3 + \cdots + {}_8C_6 + {}_9C_7 + {}_8C_8$
$$= ({}_8C_0 + {}_8C_2 + {}_8C_4 + {}_8C_6 + {}_8C_8)$$
$$\qquad + ({}_9C_1 + {}_9C_3 + {}_9C_5 + {}_9C_7)$$
$$= ({}_8C_0 + {}_8C_2 + {}_8C_4 + {}_8C_6 + {}_8C_8)$$
$$\qquad + ({}_9C_1 + {}_9C_3 + {}_9C_5 + {}_9C_7 + {}_9C_9 - {}_9C_9)$$

$$=2^{8-1}+2^{9-1}-1$$
$$=128+256-1$$
$$=383$$

답 ②

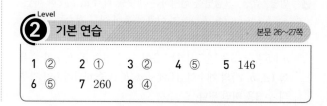 Level
① 기초 연습
본문 24~25쪽

1 ③	2 ④	3 ④	4 ②	5 ③
6 ②	7 ①	8 ①		

1 다항식 $(x-2)^6$의 전개식의 일반항은
$${}_6C_r x^{6-r}(-2)^r \ (r=0, 1, 2, \cdots, 6)$$
x^2의 계수는 $r=4$일 때
$${}_6C_4 \times (-2)^4 = 15 \times 16 = 240$$

답 ③

2 구하는 경우의 수는 서로 다른 4개에서 5개를 택하는 중복조합의 수와 같으므로
$${}_4H_5 = {}_{4+5-1}C_5$$
$$= {}_8C_5 = {}_8C_3$$
$$= \frac{8 \times 7 \times 6}{3 \times 2 \times 1} = 56$$

답 ④

3 $${}_{10}C_1 + {}_{10}C_3 + {}_{10}C_5 + {}_{10}C_7 + {}_{10}C_9$$
$$= 2^{10-1}$$
$$= 512$$

답 ④

4 $${}_4H_3 = {}_{4+3-1}C_3$$
$$= {}_6C_3$$
$$= \frac{6 \times 5 \times 4}{3 \times 2 \times 1} = 20$$

답 ②

5 감자전 1개를 먼저 택한 후 서로 다른 5종류의 음식 중에서 4개의 음식을 택하는 경우의 수는 서로 다른 5개에서 4개를 택하는 중복조합의 수와 같으므로
$${}_5H_4 = {}_{5+4-1}C_4 = {}_8C_4$$
$$= \frac{8 \times 7 \times 6 \times 5}{4 \times 3 \times 2 \times 1} = 70$$

답 ③

6 $$\sum_{n=1}^{7} {}_6C_{n-1}$$
$$= {}_6C_0 + {}_6C_1 + {}_6C_2 + \cdots + {}_6C_6$$
$$= 2^6$$
$$= 64$$

답 ②

7 각 상자에 사과를 6개씩 먼저 나누어 넣은 후 남은 사과 4개를 서로 다른 7개의 상자에 나누어 넣는 경우의 수는 서로 다른 7개에서 4개를 택하는 중복조합의 수와 같으므로
$${}_7H_4 = {}_{7+4-1}C_4$$
$$= {}_{10}C_4$$
$$= \frac{10 \times 9 \times 8 \times 7}{4 \times 3 \times 2 \times 1} = 210$$

답 ①

8 다항식 $(a+b+c)^5$의 전개식에서 서로 다른 항의 개수는 세 문자 a, b, c 중에서 5개를 택하는 중복조합의 수와 같으므로
$${}_3H_5 = {}_{3+5-1}C_5$$
$$= {}_7C_5 = {}_7C_2$$
$$= \frac{7 \times 6}{2 \times 1} = 21$$

답 ①

Level
② 기본 연습
본문 26~27쪽

1 ②	2 ①	3 ②	4 ⑤	5 146
6 ⑤	7 260	8 ④		

1 9명의 학생 중에서 n명을 택하는 경우의 수는

$f(n) = {}_9\mathrm{C}_n$

$f(5) + f(6) + f(7) + f(8) + f(9)$

$= {}_9\mathrm{C}_5 + {}_9\mathrm{C}_6 + {}_9\mathrm{C}_7 + {}_9\mathrm{C}_8 + {}_9\mathrm{C}_9$

$= {}_9\mathrm{C}_5 + {}_9\mathrm{C}_3 + {}_9\mathrm{C}_7 + {}_9\mathrm{C}_1 + {}_9\mathrm{C}_9$

$= {}_9\mathrm{C}_1 + {}_9\mathrm{C}_3 + {}_9\mathrm{C}_5 + {}_9\mathrm{C}_7 + {}_9\mathrm{C}_9$

$= 2^{9-1}$

$= 256$

답 ②

2 세 종류의 꽃의 개수를 각각 a, b, c라 하면 구하는 경우의 수는 방정식

$a + b + c = 10$

을 만족시키는 7 이하의 자연수 a, b, c의 순서쌍 (a, b, c)의 개수와 같다.

$a + b + c = 10$에서

$a = a' + 1$, $b = b' + 1$, $c = c' + 1$ (a', b', c'은 6 이하의 음이 아닌 정수)라 하면

$a' + b' + c' = 7$

따라서 순서쌍 (a, b, c)의 개수는 방정식 $a' + b' + c' = 7$을 만족시키는 6 이하의 음이 아닌 정수 a', b', c'의 순서쌍 (a', b', c')의 개수와 같으므로

${}_3\mathrm{H}_7 - 3 = {}_{3+7-1}\mathrm{C}_7 - 3$

$\qquad = {}_9\mathrm{C}_7 - 3$

$\qquad = {}_9\mathrm{C}_2 - 3$

$\qquad = \dfrac{9 \times 8}{2} - 3 = 33$

답 ①

3 $\left(3x + \dfrac{a}{2x}\right)^5$의 전개식의 일반항은

${}_5\mathrm{C}_r (3x)^{5-r} \left(\dfrac{a}{2x}\right)^r = {}_5\mathrm{C}_r \times 3^{5-r} \times \left(\dfrac{a}{2}\right)^r \times x^{5-2r}$

$\qquad\qquad (r = 0, 1, 2, 3, 4, 5)$

x^3의 계수는 $r = 1$일 때

${}_5\mathrm{C}_1 \times 3^4 \times \dfrac{a}{2} = \dfrac{405}{2}a$

이고, x의 계수는 $r = 2$일 때

${}_5\mathrm{C}_2 \times 3^3 \times \left(\dfrac{a}{2}\right)^2 = \dfrac{135}{2}a^2$

이므로

$\dfrac{405}{2}a > \dfrac{135}{2}a^2$

$a(a - 3) < 0$

$0 < a < 3$

따라서 조건을 만족시키는 정수 a는 1, 2이므로 개수는 2이다.

답 ②

4 x_1, x_2는 자연수이고 $x_1 \leq x_2 \leq 4$이므로 x_1, x_2를 정하는 경우의 수는 4 이하의 자연수 중에서 2개를 택하는 중복조합의 수와 같다.

${}_4\mathrm{H}_2 = {}_{4+2-1}\mathrm{C}_2$

$\qquad = {}_5\mathrm{C}_2$

$\qquad = \dfrac{5 \times 4}{2 \times 1}$

$\qquad = 10$

y_1, y_2는 자연수이고 $y_1 \leq y_2 \leq 6$이므로 y_1, y_2를 정하는 경우의 수는 6 이하의 자연수 중에서 2개를 택하는 중복조합의 수와 같다.

${}_6\mathrm{H}_2 = {}_{6+2-1}\mathrm{C}_2$

$\qquad = {}_7\mathrm{C}_2$

$\qquad = \dfrac{7 \times 6}{2 \times 1}$

$\qquad = 21$

이때 두 점 A, B가 서로 같으면 $x_1 = x_2$, $y_1 = y_2$이므로 이 경우의 수는

${}_4\mathrm{C}_1 \times {}_6\mathrm{C}_1 = 24$

따라서 구하는 순서쌍 (A, B)의 개수는

$10 \times 21 - 24 = 186$

답 ⑤

5 조건 (가)에 의하여

$f(1) \leq f(2) \leq f(3) \leq f(4) \leq f(5) \leq f(6)$

$1 \leq x^2 - 3 \leq 6$을 만족시키는 자연수 x는 2 또는 3이므로 $f(2) = 1$ 또는 $f(3) = 6$이다.

(i) $f(2) = 1$인 경우

$f(1) = f(2) = 1$이고, $f(3)$, $f(4)$, $f(5)$, $f(6)$은 6 이하의 자연수이므로 이 경우 함수 f의 개수는

${}_6\mathrm{H}_4 = {}_{6+4-1}\mathrm{C}_4$

$\qquad = {}_9\mathrm{C}_4$

$\qquad = \dfrac{9 \times 8 \times 7 \times 6}{4 \times 3 \times 2 \times 1} = 126$

(ii) $f(3) = 6$인 경우

$f(1)$, $f(2)$는 6 이하의 자연수이고,

$f(3) = f(4) = f(5) = f(6) = 6$이므로 이 경우 함수 f의 개수는

$_6H_2=_{6+2-1}C_2$

$\quad=_7C_2$

$\quad=\dfrac{7\times6}{2\times1}=21$

(iii) $f(2)=1$, $f(3)=6$인 경우

$\quad f(1)=f(2)=1$이고, $f(3)=f(4)=f(5)=f(6)=6$이

므로 이 경우 함수 f의 개수는 1이다.

(i), (ii), (iii)에 의하여 구하는 함수 f의 개수는

$126+21-1=146$

답 146

6 서로 다른 종류의 선물 상자 5개에 담는 쿠키의 개수를 각각

a, b, c, d, e라 하면

$a+b+c+d+e=26$

$\qquad\qquad$ (a, b, c, d, e는 2 이상 6 이하의 자연수)

$a=a_1+2$, $b=b_1+2$, $c=c_1+2$, $d=d_1+2$, $e=e_1+2$

라 하면

$(a_1+2)+(b_1+2)+(c_1+2)+(d_1+2)+(e_1+2)=26$

$a_1+b_1+c_1+d_1+e_1=16$

$\qquad\qquad$ (a_1, b_1, c_1, d_1, e_1은 4 이하의 음이 아닌 정수)

또 $a_1=4-a_2$, $b_1=4-b_2$, $c_1=4-c_2$, $d_1=4-d_2$,

$e_1=4-e_2$라 하면

$(4-a_2)+(4-b_2)+(4-c_2)+(4-d_2)+(4-e_2)=16$

$a_2+b_2+c_2+d_2+e_2=4$

$\qquad\qquad$ (a_2, b_2, c_2, d_2, e_2는 4 이하의 음이 아닌 정수)

따라서 구하는 경우의 수는 순서쌍 (a_2, b_2, c_2, d_2, e_2)의

개수와 같으므로

$_5H_4=_{5+4-1}C_4$

$\quad=_8C_4$

$\quad=\dfrac{8\times7\times6\times5}{4\times3\times2\times1}=70$

답 ⑤

7 $x_1\times x_5=8$을 만족시키는 정수 x_1은

-8, -4, 1, 2

(i) $x_1=-8$ 또는 $x_1=1$인 경우

$\quad x_1=-8$이면 $x_5=-1$이므로 순서쌍

$\quad$ (x_1, x_2, x_3, x_4, x_5)의 개수는 $-8\leq x_2\leq x_3\leq x_4\leq-1$

$\quad$ 을 만족시키는 정수 x_2, x_3, x_4의 순서쌍 (x_2, x_3, x_4)의

$\quad$ 개수와 같다.

$_8H_3=_{8+3-1}C_3$

$\quad=_{10}C_3=\dfrac{10\times9\times8}{3\times2\times1}=120$

$x_1=1$이면 $x_5=8$이므로 순서쌍 (x_1, x_2, x_3, x_4, x_5)의

개수는 $1\leq x_2\leq x_3\leq x_4\leq8$을 만족시키는 정수 x_2, x_3,

x_4의 순서쌍 (x_2, x_3, x_4)의 개수와 같다.

$_8H_3=120$

따라서 $x_1=-8$ 또는 $x_1=1$인 순서쌍

(x_1, x_2, x_3, x_4, x_5)의 개수는

$120+120=240$

(ii) $x_1=-4$ 또는 $x_1=2$인 경우

$\quad x_1=-4$이면 $x_5=-2$이므로 순서쌍

$\quad$ (x_1, x_2, x_3, x_4, x_5)의 개수는 $-4\leq x_2\leq x_3\leq x_4\leq-2$

$\quad$ 를 만족시키는 정수 x_2, x_3, x_4의 순서쌍 (x_2, x_3, x_4)의

$\quad$ 개수와 같다.

$_3H_3=_{3+3-1}C_3$

$\quad=_5C_3=_5C_2=\dfrac{5\times4}{2\times1}=10$

$x_1=2$이면 $x_5=4$이므로 순서쌍 (x_1, x_2, x_3, x_4, x_5)의

개수는 $2\leq x_2\leq x_3\leq x_4\leq4$를 만족시키는 정수 x_2, x_3,

x_4의 순서쌍 (x_2, x_3, x_4)의 개수와 같다.

$_3H_3=10$

따라서 $x_1=-4$ 또는 $x_1=2$인 순서쌍

(x_1, x_2, x_3, x_4, x_5)의 개수는

$10+10=20$

(i), (ii)에 의하여 구하는 모든 순서쌍 (x_1, x_2, x_3, x_4, x_5)

의 개수는

$240+20=260$

답 260

8 다항식 $P(x)=(x+a)^n$의 전개식의 일반항은

$_nC_r x^{n-r}a^r$ ($r=0$, 1, 2, $\cdots$, n)

x^3의 계수는 $n-r=3$일 때

$_nC_{n-3}\times a^{n-3}=_nC_3\times a^{n-3}$

이고, x^4의 계수는 $n-r=4$일 때

$_nC_{n-4}\times a^{n-4}=_nC_4\times a^{n-4}$

이므로

$_nC_3\times a^{n-3}=\dfrac{4}{5}\times_nC_4\times a^{n-4}$

$a=\dfrac{4}{5}\times\dfrac{n-3}{4}$

$5a=n-3$ $\qquad\qquad$ ······ ㉠

다항식 $P(2x)=(2x+a)^n$의 전개식의 일반항은

$_nC_s(2x)^{n-s}a^s$ ($s=0$, 1, 2, $\cdots$, n)

x^3의 계수는 $n-s=3$일 때

$_nC_{n-3}\times2^3\times a^{n-3}=8\times_nC_3\times a^{n-3}$

x^5의 계수는 $n-s=5$일 때

$_nC_{n-5}\times2^5\times a^{n-5}=32\times_nC_5\times a^{n-5}$

$8\times_nC_3\times a^{n-3}=\dfrac{1}{4}\times32\times_nC_5\times a^{n-5}$

$a^2=\dfrac{(n-3)(n-4)}{5\times4}$

$20a^2=(n-3)(n-4)$ ...... ㉡

㉠, ㉡을 연립하여 풀면

$a=1$, $n=8$

따라서 $a+n=9$

답 ④

3 실력 완성

본문 28쪽

1 35   **2** ①   **3** 688

1 $b\times c\times d$가 홀수이므로 b, c, d는 모두 홀수이고,

$a=d-b-c$에서 자연수 a도 홀수이다.

$a+b+c=d$에서

$a=2a'+1$, $b=2b'+1$, $c=2c'+1$, $d=2d'+1$이라 하면

$(2a'+1)+(2b'+1)+(2c'+1)=2d'+1$

$a'+b'+c'=d'-1$

$\quad$ (a', b', c', d'은 5 이하의 음이 아닌 정수)

이때 $d'-1\geq0$이므로 d'은 $1\leq d'\leq5$인 자연수이다.

순서쌍 (a,b,c,d)의 개수는 방정식 $a'+b'+c'=d'-1$ 을 만족시키는 5 이하의 음이 아닌 정수 a', b', c', d'의 순서쌍 (a',b',c',d')의 개수와 같으므로

$\displaystyle\sum_{d'=1}^{5}{}_3H_{d'-1}$

$={}_3H_0+{}_3H_1+{}_3H_2+{}_3H_3+{}_3H_4$

$={}_2C_0+{}_3C_1+{}_4C_2+{}_5C_3+{}_6C_4$

$={}_3C_0+{}_3C_1+{}_4C_2+{}_5C_3+{}_6C_4$

$={}_4C_1+{}_4C_2+{}_5C_3+{}_6C_4$

$={}_5C_2+{}_5C_3+{}_6C_4$

$={}_6C_3+{}_6C_4$

$={}_7C_4={}_7C_3$

$=\dfrac{7\times6\times5}{3\times2\times1}$

$=35$

답 35

2 조건 (가)에 의하여 5 이하의 자연수 x에 대하여

$f(x)+2\leq f(x+1)$임을 알 수 있다.

$f(2)=f(1)+2+a$,

$f(3)=f(2)+2+b=f(1)+4+a+b$,

$f(4)=f(3)+2+c=f(1)+6+a+b+c$,

$f(5)=f(4)+2+d=f(1)+8+a+b+c+d$,

$f(6)=f(5)+2+e=f(1)+10+a+b+c+d+e$

$\qquad\qquad$ (a,b,c,d,e는 음이 아닌 정수)

로 놓을 수 있다.

$f(6)=f(3)+10$에서

$f(1)+10+a+b+c+d+e=\{f(1)+4+a+b\}+10$

$c+d+e=4$ (c,d,e는 음이 아닌 정수)

이므로 c, d, e를 정하는 경우의 수는 $_3H_4$이다.

$f(1)\geq-9$이므로 $p=f(1)+9$라 하면 p는 음이 아닌 정수 이다.

$f(6)=(p+1)+a+b+4\leq9$에서

$p+a+b\leq4$

$p+a+b+q=4$ (q는 음이 아닌 정수)

이므로 p, a, b, q를 정하는 경우의 수는 $_4H_4$이다.

따라서 a, b, c, d, e, p, q가 정해지면 함숫값이 모두 정해 지므로 구하는 함수의 개수는

$_3H_4\times_4H_4=_6C_4\times_7C_4$

$\qquad\qquad ={}_6C_2\times_7C_3$

$\qquad\qquad =\dfrac{6\times5}{2\times1}\times\dfrac{7\times6\times5}{3\times2\times1}$

$\qquad\qquad =15\times35$

$\qquad\qquad =525$

답 ①

3 파란색 볼펜을 넣는 필통을 택하는 경우의 수는

$_4C_1=4$

파란색 볼펜을 넣지 않는 3개의 필통에 검은색 볼펜을 1개 씩 넣고, 남은 검은색 볼펜 2개, 빨간색 볼펜 3개를 나누어 넣는 경우는 다음과 같다.

검은색 볼펜 2개를 4개의 필통에 나누어 넣는 경우의 수는

$_4H_2=_{4+2-1}C_2=_5C_2=\dfrac{5\times4}{2\times1}=10$

빨간색 볼펜 3개를 4개의 필통에 나누어 넣는 경우의 수는

$_4H_3=_{4+3-1}C_3=_6C_3=\dfrac{6\times5\times4}{3\times2\times1}=20$

이때 검은색 볼펜 2개, 빨간색 볼펜 3개 중 4개 또는 5개의 볼 펜을 1개의 필통에 넣으면 조건 (나)를 만족시키지 않는다.

4개의 볼펜을 1개의 필통에 넣는 경우는 함께 넣을 볼펜 4개를 택하는 경우의 수는 2, 이 4개의 볼펜과 남은 1개의 볼펜을 넣을 필통을 택하는 경우의 수는 $_4\mathrm{P}_2=4\times3=12$이므로 4개의 볼펜을 1개의 필통에 넣는 경우의 수는

$2\times12=24$

5개의 볼펜을 1개의 필통에 넣는 경우는 볼펜 5개를 넣을 필통을 택하면 되므로 경우의 수는

$_4\mathrm{C}_1=4$

즉, 검은색 볼펜 2개, 빨간색 볼펜 3개를 4개의 필통에 나누어 넣는 경우의 수는

$10\times20-(24+4)=172$

따라서 구하는 경우의 수는

$4\times172=688$

답 688

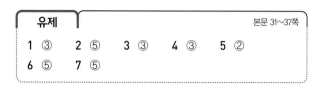

03 확률의 뜻과 활용

유제				본문 31~37쪽
1 ③	2 ⑤	3 ③	4 ③	5 ②
6 ⑤	7 ⑤			

1 두 사건 A와 B^C이 서로 배반사건이려면 $A\cap B^C=\varnothing$이어야 한다.

$A\subset B\subset S$이어야 하므로 집합 B는 집합 A를 포함하는 집합 S의 부분집합이다.

표본공간 S와 사건 A에 대하여

$S=\{1,\,2,\,3,\,4,\,5,\,6,\,7\}$, $A=\{1,\,3,\,5,\,7\}$

이므로 구하는 사건 B의 개수는 2, 4, 6을 각각 두 집합 B 또는 B^C에 포함시키는 경우의 수와 같다.

따라서 사건 B의 개수는

$_2\Pi_3=2^3=8$

답 ③

2 이 시행의 표본공간을 S라 하면

$S=\{1,\,2,\,3,\,4,\,5,\,6,\,7,\,8,\,9,\,10\}$

이고,

$A=\{1,\,3,\,5,\,7,\,9\}$, $B=\{2,\,3,\,5,\,7\}$, $C=\{4,\,8\}$

$A\cap B=\{3,\,5,\,7\}$이므로 두 사건 A와 B는 서로 배반사건이 아니다.

$B\cap C=\varnothing$이므로 두 사건 B와 C는 서로 배반사건이다.

$C\cap A=\varnothing$이므로 두 사건 C와 A는 서로 배반사건이다.

따라서 서로 배반사건인 것은 B와 C, C와 A이다.

답 ⑤

3 11명의 학생 중에서 4명을 뽑는 경우의 수는

$_{11}\mathrm{C}_4=\dfrac{11\times10\times9\times8}{4\times3\times2\times1}=330$

여학생 5명, 남학생 6명 중에서 여학생 1명, 남학생 3명을 뽑는 경우의 수는

$_5\mathrm{C}_1\times_6\mathrm{C}_3=5\times\dfrac{6\times5\times4}{3\times2\times1}=100$

따라서 구하는 확률은

$\dfrac{100}{330}=\dfrac{10}{33}$

답 ③

4 한 개의 주사위를 두 번 던져서 나올 수 있는 a, b의 모든 순서쌍 (a, b)의 개수는

$6^2 = 36$

원의 중심 (a, b)와 직선 $4x + 3y - 3a = 0$ 사이의 거리는

$$\frac{|4a + 3b - 3a|}{\sqrt{16 + 9}} = \frac{|a + 3b|}{5}$$

직선 $y = -\frac{4}{3}x + a$가 원 $(x - a)^2 + (y - b)^2 = 9$와 만나려면

$$\frac{|a + 3b|}{5} \le 3$$

이어야 한다. 즉, $a + 3b \le 15$

$b = 1$일 때 $a \le 12$

$b = 2$일 때 $a \le 9$

$b = 3$일 때 $a \le 6$

$b = 4$일 때 $a \le 3$

$b \ge 5$일 때 자연수 a가 존재하지 않는다.

조건을 만족시키는 a, b의 모든 순서쌍 (a, b)의 개수는

$6 + 6 + 6 + 3 = 21$

따라서 구하는 확률은

$$\frac{21}{36} = \frac{7}{12}$$

답 ③

5 만들 수 있는 모든 세 자리의 자연수의 개수는

$_5P_3 = 5 \times 4 \times 3 = 60$

만든 수가 홀수인 사건을 A, 3의 배수인 사건을 B라 하면 사건 $A \cap B$는 홀수이고 3의 배수인 사건이다.

만든 수가 홀수이려면 일의 자리의 수가 홀수이어야 하므로 그 개수는

$3 \times _4P_2 = 3 \times 4 \times 3 = 36$

그러므로 $P(A) = \frac{36}{60} = \frac{3}{5}$

만든 수가 3의 배수이려면 각 자리의 수의 합이 3의 배수이어야 하므로 각 자리의 수는

1, 2, 3 또는 1, 3, 5 또는 2, 3, 4 또는 3, 4, 5

이고 그 개수는

$3! + 3! + 3! + 3! = 24$

그러므로 $P(B) = \frac{24}{60} = \frac{2}{5}$

만든 수가 홀수이고 3의 배수이려면 각 자리의 수는

1, 2, 3 또는 1, 3, 5 또는 2, 3, 4 또는 3, 4, 5

이고 그 개수는 $2 \times 2! + 3 \times 2! + 1 \times 2! + 2 \times 2! = 16$

그러므로 $P(A \cap B) = \frac{16}{60} = \frac{4}{15}$

따라서 구하는 확률은 확률의 덧셈정리에 의하여

$$P(A \cup B) = P(A) + P(B) - P(A \cap B)$$
$$= \frac{3}{5} + \frac{2}{5} - \frac{4}{15} = \frac{11}{15}$$

답 ②

6 1부터 12까지의 자연수 중에서 서로 다른 2개의 수를 선택하는 경우의 수는

$_{12}C_2 = \frac{12 \times 11}{2 \times 1} = 66$

선택된 2개의 수 중 적어도 하나가 8 이상의 짝수인 사건을 A라 하면 A의 여사건 A^C은 선택된 2개의 수가 모두 8 미만의 자연수 또는 8 이상의 홀수인 사건이다.

8 미만의 자연수 또는 8 이상의 홀수 중에서 2개를 선택하는 경우의 수는

$_9C_2 = \frac{9 \times 8}{2 \times 1} = 36$

그러므로 $P(A^C) = \frac{36}{66} = \frac{6}{11}$

따라서 $P(A) = 1 - P(A^C) = 1 - \frac{6}{11} = \frac{5}{11}$

답 ⑤

7 22명의 학생 중에서 3명을 선택하는 경우의 수는

$_{22}C_3 = \frac{22 \times 21 \times 20}{3 \times 2 \times 1} = 1540$

적어도 한 명이 독서를 선택한 학생인 사건을 A라 하면 A의 여사건 A^C은 선택한 3명이 모두 문학 또는 언어와 매체를 선택한 학생인 사건이다.

문학 또는 언어와 매체를 선택한 12명의 학생 중에서 3명을 선택하는 경우의 수는

$_{12}C_3 = \frac{12 \times 11 \times 10}{3 \times 2 \times 1} = 220$

그러므로 $P(A^C) = \frac{220}{1540} = \frac{1}{7}$

따라서 $P(A) = 1 - P(A^C) = 1 - \frac{1}{7} = \frac{6}{7}$

답 ⑤

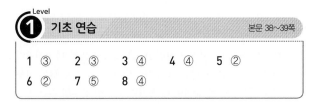

Level 1 기초 연습 본문 38~39쪽

1 ③	2 ③	3 ④	4 ④	5 ②
6 ②	7 ⑤	8 ④		

1 a, b의 모든 순서쌍 (a, b)의 개수는

$6^2 = 36$

$|2a-b| = a$에서 $2a-b = a$ 또는 $-2a+b = a$

즉, $a = b$ 또는 $3a = b$

$a = b$인 a, b의 모든 순서쌍 (a, b)의 개수는 6

$3a = b$인 a, b의 모든 순서쌍 (a, b)의 개수는 2

따라서 구하는 확률은

$$\frac{6+2}{36} = \frac{2}{9}$$

답 ③

2 8병의 음료 중 3병의 음료를 동시에 택하는 경우의 수는

$_8C_3$

택한 3병의 음료 중 이온 음료가 2병인 경우의 수는 서로 다른 탄산 음료 5병 중에서 1병을 택하고, 서로 다른 이온 음료 3병 중에서 2병을 택하는 경우의 수와 같으므로

$_5C_1 \times _3C_2$

따라서 구하는 확률은

$$\frac{_5C_1 \times _3C_2}{_8C_3} = \frac{5 \times 3}{56} = \frac{15}{56}$$

답 ③

3 두 사건 A와 B는 서로 배반사건이므로

$P(A \cup B) = P(A) + P(B)$

$\frac{3}{4} = \frac{1}{6} + P(B)$

따라서 $P(B) = \frac{7}{12}$

답 ④

4 6명의 학생이 일렬로 서는 경우의 수는 6!

A와 B의 한 묶음을 T라 하면

A와 B가 자리를 바꾸는 경우의 수는 2!

A, B, C를 제외한 나머지 3명의 학생과 T가 일렬로 서는 경우의 수는 4!

B와 C가 이웃하지 않으려면 A, B, C를 제외한 나머지 3명의 학생과 T가 일렬로 서고 사이사이와 양 끝 중 B와 이웃하지 않는 4곳 중 하나에 C가 서면 되므로 경우의 수는 4

따라서 구하는 확률은

$$\frac{2! \times 4! \times 4}{6!} = \frac{4}{15}$$

답 ④

5 10개의 사탕이 들어 있는 상자에서 2개의 사탕을 동시에 꺼내는 경우의 수는

$_{10}C_2 = 45$

꺼낸 2개의 사탕이 모두 딸기맛 사탕인 사건을 A, 모두 포도맛 사탕인 사건을 B라 하면 두 사건 A와 B는 서로 배반사건이다.

꺼낸 2개의 사탕이 모두 딸기맛 사탕인 경우의 수는 딸기맛 사탕 4개 중에서 2개를 택하는 경우의 수와 같으므로

$_4C_2 = 6$

그러므로 $P(A) = \frac{6}{45} = \frac{2}{15}$

꺼낸 2개의 사탕이 모두 포도맛 사탕인 경우의 수는 포도맛 사탕 6개 중에서 2개를 택하는 경우의 수와 같으므로

$_6C_2 = 15$

그러므로 $P(B) = \frac{15}{45} = \frac{1}{3}$

따라서 구하는 확률은 확률의 덧셈정리에 의하여

$P(A \cup B) = P(A) + P(B)$

$\qquad\qquad = \frac{2}{15} + \frac{1}{3} = \frac{7}{15}$

답 ②

6 9명의 학생 중에서 대표 3명을 정하는 경우의 수는

$_9C_3 = \frac{9 \times 8 \times 7}{3 \times 2 \times 1} = 84$

A가 대표인 사건을 A, B가 대표인 사건을 B라 하면 사건 $A \cap B$는 A, B가 모두 대표인 사건이다.

A가 대표인 경우의 수는 A를 제외한 8명 중에서 2명을 정하는 경우의 수와 같으므로

$_8C_2 = 28$

그러므로 $P(A) = \frac{28}{84} = \frac{1}{3}$

B가 대표인 경우의 수는 B를 제외한 8명 중에서 2명을 정하는 경우의 수와 같으므로

$_8C_2 = 28$

그러므로 $P(B) = \frac{1}{3}$

A, B가 모두 대표인 경우의 수는 A, B를 제외한 7명 중에서 1명을 정하는 경우의 수와 같으므로

$_7C_1=7$

그러므로 $P(A \cap B)=\dfrac{7}{84}=\dfrac{1}{12}$

따라서 구하는 확률은 확률의 덧셈정리에 의하여

$$P(A \cup B)=P(A)+P(B)-P(A \cap B)$$
$$=\dfrac{1}{3}+\dfrac{1}{3}-\dfrac{1}{12}=\dfrac{7}{12}$$

답 ②

다른 풀이

$$P(A \cup B)=1-P(A^C \cap B^C)$$
$$=1-\dfrac{_7C_3}{_9C_3}$$
$$=1-\dfrac{5}{12}=\dfrac{7}{12}$$

7 8명의 학생이 모두 한 명씩 발표하도록 발표 순서를 정하는 경우의 수는 8!

2명 이상의 여학생이 연이어 발표하는 순서로 정해지는 사건을 A라 하면 A의 여사건 A^C은 연이어 발표하는 여학생이 없는 사건이다.

연이어 발표하는 여학생이 없는 경우의 수는 남학생 5명을 배열하고 남학생 사이사이와 양 끝 중 3곳에 여학생을 한 명씩 배열하는 경우의 수와 같으므로

$5! \times _6P_3$

$$P(A^C)=\dfrac{5! \times _6P_3}{8!}=\dfrac{6 \times 5 \times 4}{8 \times 7 \times 6}=\dfrac{5}{14}$$

따라서 구하는 확률은

$$P(A)=1-P(A^C)=1-\dfrac{5}{14}=\dfrac{9}{14}$$

답 ⑤

8 이 주머니에서 3장의 카드를 동시에 꺼내는 경우의 수는

$$_9C_3=\dfrac{9 \times 8 \times 7}{3 \times 2 \times 1}=84$$

꺼낸 3장의 카드에 적혀 있는 숫자 중 적어도 한 개가 소수인 사건을 A라 하면 A의 여사건 A^C은 꺼낸 3장의 카드에 적혀 있는 숫자가 모두 소수가 아닌 사건이다.

1부터 9까지의 자연수 중 소수는 2, 3, 5, 7이므로

꺼낸 3장의 카드에 적힌 숫자가 모두 소수가 아닌 경우의 수는 1, 4, 6, 8, 9가 적혀 있는 카드 중에서 3장의 카드를 동시에 꺼내는 경우의 수와 같다.

$_5C_3=_5C_2=10$

그러므로 $P(A^C)=\dfrac{10}{84}=\dfrac{5}{42}$

따라서 구하는 확률은

$$P(A)=1-P(A^C)=1-\dfrac{5}{42}=\dfrac{37}{42}$$

답 ④

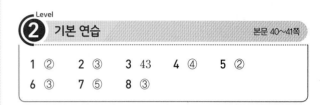

Level **2** 기본 연습   본문 40~41쪽

| 1 | ② | 2 | ③ | 3 | 43 | 4 | ④ | 5 | ② |
| 6 | ③ | 7 | ⑤ | 8 | ③ | | | | |

1 A, B, 1, 1, 1, 2를 일렬로 나열하는 경우의 수는

$$\dfrac{6!}{3!}=6 \times 5 \times 4=120$$

(ⅰ) A, B 사이에 1, 1이 오는 경우

A, B와 1, 1을 배열하는 경우의 수는 2!

이 묶음과 1, 2를 배열하는 경우의 수는 3!

이때의 경우의 수는

$2! \times 3!=12$

(ⅱ) A, B 사이에 1, 2가 오는 경우

A, B와 1, 2를 배열하는 경우의 수는 $2! \times 2!$

이 묶음과 1, 1을 배열하는 경우의 수는 $\dfrac{3!}{2!}$

이때의 경우의 수는

$2! \times 2! \times \dfrac{3!}{2!}=12$

(ⅰ), (ⅱ)에서 구하는 확률은

$$\dfrac{12+12}{120}=\dfrac{1}{5}$$

답 ②

2 세 사람 A, B, C가 이 5개의 의자 중 3개의 의자에 앉는 경우의 수는

$_5P_3=5 \times 4 \times 3=60$

A, B, C가 앉은 의자에 적혀 있는 수를 각각 a, b, c라 하면 A, B가 앉은 의자에 적혀 있는 두 수의 합이 C가 앉은 의자에 적혀 있는 수 이하인 순서쌍 (a, b, c)는

$(1, 2, 3)$, $(2, 1, 3)$,

$(1, 2, 4)$, $(2, 1, 4)$, $(1, 3, 4)$, $(3, 1, 4)$,

$(1, 2, 5)$, $(2, 1, 5)$, $(1, 3, 5)$, $(3, 1, 5)$,

$(1, 4, 5)$, $(4, 1, 5)$, $(2, 3, 5)$, $(3, 2, 5)$

따라서 구하는 확률은

$$\frac{14}{60} = \frac{7}{30}$$

답 ③

3 집합 X에서 X로의 모든 함수의 개수는 $_4\Pi_4 = 4^4$이다.

(i) $f(3)=1$인 경우

$f(1)$의 값은 1, 2, 3, 4 중 하나이므로 $f(1)$을 정하는 경우의 수는 4

$x>1$일 때 $f(x) \leq 3$이므로 $f(2)$, $f(4)$를 정하는 경우의 수는 $_3\Pi_2$

이때의 경우의 수는

$4 \times _3\Pi_2 = 4 \times 3^2 = 36$

(ii) $f(3)=2$인 경우

$x<2$일 때 $f(x) \geq 3$이므로 $f(1)$을 정하는 경우의 수는 2

$f(2)$의 값은 1, 2, 3, 4 중 하나이므로 $f(2)$를 정하는 경우의 수는 4

$x>2$일 때 $f(x) \leq 3$이므로 $f(4)$를 정하는 경우의 수는 3

이때의 경우의 수는

$2 \times 4 \times 3 = 24$

(iii) $f(3)=3$인 경우

$x<3$일 때 $f(x) \geq 3$이므로 $f(1)$, $f(2)$를 정하는 경우의 수는 $_2\Pi_2$

$x>3$일 때 $f(x) \leq 3$이므로 $f(4)$를 정하는 경우의 수는 3

이때의 경우의 수는

$_2\Pi_2 \times 3 = 2^2 \times 3 = 12$

(iv) $f(3)=4$인 경우

$x<3$일 때 $f(x) \geq 3$이므로 $f(1)$, $f(2)$를 정하는 경우의 수는 $_2\Pi_2$

$f(4)$의 값은 1, 2, 3, 4 중 하나이므로 $f(4)$를 정하는 경우의 수는 4

이때의 경우의 수는

$_2\Pi_2 \times 4 = 2^2 \times 4 = 16$

(i)~(iv)에서 구하는 확률은

$$\frac{36+24+12+16}{4^4} = \frac{11}{32}$$

따라서 $p=32$, $q=11$이므로 $p+q=43$

답 43

4 서로 다른 8개의 숫자 중에서 3개를 택해 일렬로 나열하는 경우의 수는

$_8P_3 = 8 \times 7 \times 6 = 336$

1부터 8까지의 자연수 중 3의 배수는 3, 6이다.

나열된 수가 3, 6 중 하나만 포함하는 사건을 A, 3, 6을 모두 포함하는 사건을 B라 하면 두 사건 A와 B는 서로 배반사건이다.

(i) 3, 6 중 하나를 택하는 경우의 수는

$_2C_1 = 2$

이웃하는 두 수의 곱이 모두 3의 배수이려면 두 번째에 3의 배수를 놓고 첫 번째와 세 번째에 1, 2, 4, 5, 7, 8 중 2개를 놓으면 되므로

$_6P_2 = 6 \times 5 = 30$

그러므로 $P(A) = \dfrac{2 \times 30}{336} = \dfrac{5}{28}$

(ii) 3, 6을 모두 택하는 경우의 수는

$_2C_2 = 1$

1, 2, 4, 5, 7, 8 중 1개를 택하는 경우의 수는

$_6C_1 = 6$

배열과 상관없이 이웃하는 두 수의 곱이 모두 3의 배수이므로

$3! = 6$

그러므로 $P(B) = \dfrac{6 \times 6}{336} = \dfrac{3}{28}$

(i), (ii)에서 구하는 확률은 확률의 덧셈정리에 의하여

$P(A \cup B) = P(A) + P(B)$

$$= \frac{5}{28} + \frac{3}{28} = \frac{2}{7}$$

답 ④

5 7개의 문자 a, a, b, b, c, c, c를 모두 일렬로 나열하는 경우의 수는

$$\frac{7!}{2! \times 2! \times 3!} = 210$$

a끼리 이웃하는 사건을 A, b끼리 이웃하는 사건을 B라 하면 사건 $A \cap B$는 a끼리 이웃하고 b끼리 이웃하는 사건이다.

a, a의 묶음을 T라 하고, b, b의 묶음을 S라 하면

T, b, b, c, c, c를 일렬로 나열하는 경우의 수는

$$\frac{6!}{2! \times 3!} = 60$$

이므로

$$P(A) = \frac{60}{210} = \frac{2}{7}$$

a, a, S, c, c, c를 일렬로 나열하는 경우의 수는

$$\frac{6!}{2! \times 3!} = 60$$

이므로

$$P(B) = \frac{2}{7}$$

T, S, c, c, c를 일렬로 나열하는 경우의 수는

$$\frac{5!}{3!} = 20$$

이므로

$$P(A \cap B) = \frac{20}{210} = \frac{2}{21}$$

따라서 구하는 확률은 확률의 덧셈정리에 의하여

$$P(A \cup B) = P(A) + P(B) - P(A \cap B)$$
$$= \frac{2}{7} + \frac{2}{7} - \frac{2}{21} = \frac{10}{21}$$

답 ②

6 집합 X의 원소의 개수가 3인 사건을 A, 집합 X의 모든 원소가 홀수인 사건을 B라 하면 사건 $A \cap B$는 원소의 개수가 3이고 모든 원소가 홀수인 사건이다.
원소의 개수가 3인 집합 X의 개수는

$${}_6C_3 = 20$$

이므로

$$P(A) = \frac{20}{63}$$

모든 원소가 홀수인 집합 X의 개수는 집합 $\{1, 3, 5\}$의 공집합이 아닌 부분집합의 개수와 같으므로

$$2^3 - 1 = 7$$

그러므로

$$P(B) = \frac{7}{63} = \frac{1}{9}$$

집합 $\{1, 3, 5\}$의 원소의 개수가 3인 부분집합의 개수는 1이므로

$$P(A \cap B) = \frac{1}{63}$$

따라서 구하는 확률은 확률의 덧셈정리에 의하여

$$P(A \cup B) = P(A) + P(B) - P(A \cap B)$$
$$= \frac{20}{63} + \frac{1}{9} - \frac{1}{63} = \frac{26}{63}$$

답 ③

7 남학생 4명과 여학생 3명이 원 모양의 탁자에 일정한 간격을 두고 모두 둘러앉는 경우의 수는

$$(7-1)! = 6!$$

모든 여학생의 옆에는 적어도 한 명의 남학생이 앉게 되는 사건을 A라 하면 A의 여사건 A^c은 어떤 여학생의 양옆에 여학생이 앉게 되는 사건, 즉 여학생 3명이 이웃하는 사건이다.
여학생 3명이 이웃하는 경우의 수는 여학생 3명을 배열하고 이 묶음과 남학생 4명을 배열하는 원순열의 수와 같으므로

$$3! \times (5-1)! = 3! \times 4!$$

그러므로 $P(A^c) = \dfrac{3! \times 4!}{6!} = \dfrac{1}{5}$

따라서 구하는 확률은

$$P(A) = 1 - P(A^c) = 1 - \frac{1}{5} = \frac{4}{5}$$

답 ⑤

8 A, B가 모두 처음 진열되었던 칸이 아닌 칸에 진열되는 사건을 A라 하면 A의 여사건 A^c은 A, B 중 적어도 하나가 처음 진열되었던 칸에 진열되는 사건이다.
5개의 가방을 아래층의 5개의 칸에 모두 하나씩 진열하는 경우의 수는 5!

(ⅰ) A, B가 모두 처음 진열되었던 칸에 진열되는 경우
새로운 서로 다른 가방 3개를 진열하는 경우의 수는 3!

(ⅱ) A, B 중 하나만 처음 진열되었던 칸에 진열되는 경우
A, B 중 하나를 선택하는 경우의 수는 2, 나머지 하나를 새로운 칸에 진열하는 경우의 수는 3, 새로운 서로 다른 가방 3개를 진열하는 경우의 수는 3!

(ⅰ), (ⅱ)에서 A, B 중 적어도 하나가 처음 진열되었던 칸에 진열될 확률은

$$P(A^c) = \frac{3! + 2 \times 3 \times 3!}{5!} = \frac{1+6}{20} = \frac{7}{20}$$

따라서 구하는 확률은

$$P(A) = 1 - P(A^c) = 1 - \frac{7}{20} = \frac{13}{20}$$

답 ③

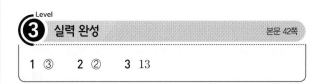

Level
③ 실력 완성　　　본문 42쪽

| **1** ③ | **2** ② | **3** 13 |

1 집합 X에서 집합 Y로의 모든 함수 f의 개수는
$$_6\Pi_4=6^4$$
1, 2, 3, 4, 5, 6 중에서 치역의 원소가 될 세 수를 선택하는 경우의 수는
$$_6C_3=20$$
선택된 세 수 중에서 $f(1)$, $f(2)$를 정하는 경우의 수는
$$_3C_2=3$$
치역의 원소인 세 수 중에서 $f(3)$, $f(4)$를 정하는 경우의 수는 $_3\Pi_2$이고, $f(1)$, $f(2)$ 중에서 $f(3)$, $f(4)$를 정하는 경우의 수는 $_2\Pi_2$이므로 $f(3)$, $f(4)$를 정하는 경우의 수는
$$_3\Pi_2-_2\Pi_2=3^2-2^2=5$$
따라서 구하는 확률은
$$\frac{20\times3\times5}{6^4}=\frac{25}{108}$$

답 ③

2 동전의 앞면을 H, 뒷면을 T라 하자.
3번째 시행 후에 처음으로 4개의 동전이 모두 앞면이 보이도록 놓여 있는 사건을 A, 모두 뒷면이 보이도록 놓여 있는 사건을 B라 하자.
3번째 시행 후에 처음으로 4개의 동전이 모두 앞면이 보이도록 놓여 있는 경우는
$$\text{HHHT} \to \text{HHTT} \to \text{HTTT} \to \text{HHHH}$$
뿐이다.
1번째 시행에서 H, H, T를 뒤집고, 2번째 시행에서 H, H, T를 뒤집고, 3번째 시행에서 T, T, T를 뒤집으면 되므로
$$\text{P}(A)=\frac{_3C_2\times_1C_1}{_4C_3}\times\frac{_2C_2\times_2C_1}{_4C_3}\times\frac{_3C_3}{_4C_3}$$
$$=\frac{3}{4}\times\frac{2}{4}\times\frac{1}{4}=\frac{3}{32}$$
3번째 시행 후에 처음으로 4개의 동전이 모두 뒷면이 보이는 경우는
$$\text{HHHT} \to \text{HHTT} \to \text{HHHT} \to \text{TTTT}$$
뿐이다.
1번째 시행에서 H, H, T를 뒤집고, 2번째 시행에서 H, T, T를 뒤집고, 3번째 시행에서 H, H, H를 뒤집으면 되므로
$$\text{P}(B)=\frac{_3C_2\times_1C_1}{_4C_3}\times\frac{_2C_1\times_2C_2}{_4C_3}\times\frac{_3C_3}{_4C_3}$$
$$=\frac{3}{4}\times\frac{2}{4}\times\frac{1}{4}=\frac{3}{32}$$
두 사건 A와 B는 서로 배반사건이므로 구하는 확률은 확률의 덧셈정리에 의하여
$$\text{P}(A\cup B)=\text{P}(A)+\text{P}(B)=\frac{3}{32}+\frac{3}{32}=\frac{3}{16}$$

답 ②

3 흰 공 4개와 검은 공 6개를 모두 일렬로 나열하는 경우의 수는
$$\frac{10!}{4!\times6!}=210$$
mn의 값이 0 또는 짝수인 사건을 A라 하면 A의 여사건 A^C은 m, n이 모두 홀수인 사건이다.
첫 번째 흰 공 왼쪽에 나열된 검은 공의 개수를 x, 두 번째 흰 공과 세 번째 흰 공 사이에 나열된 검은 공의 개수를 y, 네 번째 흰 공 오른쪽에 나열된 검은 공의 개수를 z라 하면
(i) $m=1$, $n=1$인 경우
방정식 $x+y+z=4$를 만족시키는 음이 아닌 정수 x, y, z의 순서쌍 (x,y,z)의 개수와 같으므로
$$_3H_4=_6C_4=_6C_2=15$$
(ii) $m=1$, $n=3$ 또는 $m=3$, $n=1$인 경우
방정식 $x+y+z=2$를 만족시키는 음이 아닌 정수 x, y, z의 순서쌍 (x,y,z)의 개수와 같으므로
$$_3H_2=_4C_2=6$$
(iii) $m=1$, $n=5$ 또는 $m=3$, $n=3$ 또는 $m=5$, $n=1$인 경우
방정식 $x+y+z=0$을 만족시키는 음이 아닌 정수 x, y, z의 순서쌍 (x,y,z)의 개수와 같으므로
$$1$$
(i), (ii), (iii)에서
$$\text{P}(A^C)=\frac{15+2\times6+3\times1}{210}=\frac{1}{7}$$
따라서 구하는 확률은
$$\text{P}(A)=1-\text{P}(A^C)=1-\frac{1}{7}=\frac{6}{7}$$
이므로 $p+q=7+6=13$

답 13

04 조건부확률

1 이 단체의 회원 50명 중에서 임의로 선택한 한 회원이 여자인 사건을 A, 사용하는 오피스 프로그램이 H인 사건을 B라 하면 구하는 확률은 $P(B|A)$이다.

이때

$$P(A)=\frac{20}{50}=\frac{2}{5}$$

이고, 사건 $A \cap B$는 선택한 한 회원이 여자이고 사용하는 오피스 프로그램이 H인 사건이므로

$$P(A \cap B)=\frac{12}{50}=\frac{6}{25}$$

따라서 구하는 확률은

$$P(B|A)=\frac{P(A \cap B)}{P(A)}=\frac{\frac{6}{25}}{\frac{2}{5}}=\frac{3}{5}$$

답 ⑤

2 이 주머니에서 학생 A가 꺼낸 카드에 적힌 수가 홀수인 사건을 A, 학생 B가 꺼낸 카드에 적힌 두 수가 모두 짝수인 사건을 B라 하면

학생 A가 꺼낸 카드에 적혀 있는 수가 홀수일 확률은

$$P(A)=\frac{3}{7}$$

학생 B가 꺼낼 때는 주머니에 홀수가 적혀 있는 카드가 2장, 짝수가 적혀 있는 카드가 4장 들어 있고, 꺼낸 카드에 적힌 두 수가 모두 짝수인 경우는 짝수가 적혀 있는 카드 4장 중에서 2장을 꺼내는 경우이므로

$$P(B|A)=\frac{_4C_2}{_6C_2}=\frac{6}{15}=\frac{2}{5}$$

따라서 구하는 확률은

$$P(A \cap B)=P(A)P(B|A)$$
$$=\frac{3}{7}\times\frac{2}{5}=\frac{6}{35}$$

답 ③

3 두 사건 A와 B가 서로 독립이면 두 사건 A^C과 B도 서로 독립이므로

$$P(A^C \cap B)=P(A^C)P(B)$$
$$=\{1-P(A)\}P(B)$$
$$=\left(1-\frac{1}{3}\right)\times P(B)=\frac{1}{4}$$

따라서 $P(B)=\frac{3}{8}$

답 ②

4 이 동호회의 학생 120명 중 1명을 임의로 선택할 때, 선택된 학생이 여학생인 사건을 A, 칼국수를 택하는 사건을 B라 하면

$$P(A)=\frac{70}{120}=\frac{7}{12}, P(B)=\frac{30+b}{120}$$

사건 $A \cap B$는 칼국수를 택하는 여학생인 사건이므로

$$P(A \cap B)=\frac{b}{120}$$

두 사건 A와 B가 서로 독립이므로

$$P(A \cap B)=P(A)P(B)$$
$$\frac{b}{120}=\frac{7}{12}\times\frac{30+b}{120}$$
$$12b=210+7b$$

즉, $b=42$

따라서 $a=28$이므로

$$b-a=42-28=14$$

답 14

5 한 개의 주사위를 던져서 나온 눈의 수가 5 이상일 확률은

$$\frac{2}{6}=\frac{1}{3}$$

이 시행을 3번 반복한 후 두 카드가 모두 뒷면이 보이도록 놓여 있는 경우는 A, B를 모두 1번 뒤집고 A를 2번 뒤집거나 A, B를 모두 3번 뒤집으면 되므로 구하는 확률은

$$_3C_1\left(\frac{2}{3}\right)^1\left(\frac{1}{3}\right)^2+_3C_3\left(\frac{2}{3}\right)^3=\frac{2}{9}+\frac{8}{27}=\frac{14}{27}$$

답 ③

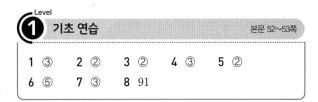

정답과 풀이

1 확률의 곱셈정리에 의하여

$P(A \cap B) = P(B)P(A|B)$

$\qquad\qquad = \dfrac{1}{4} \times \dfrac{2}{3} = \dfrac{1}{6}$

답 ③

2 $\dfrac{b}{a}$가 자연수인 사건을 A, ab가 소수인 사건을 B라 하면 구하는 확률은 $P(B|A)$이다.

한 개의 주사위를 두 번 던져서 나오는 경우의 수는

$6^2 = 36$

$\dfrac{b}{a}$가 자연수인 a, b의 순서쌍 (a, b)는

$(1, 1), (1, 2), (1, 3), (1, 4), (1, 5), (1, 6),$
$(2, 2), (2, 4), (2, 6),$
$(3, 3), (3, 6),$
$(4, 4),$
$(5, 5),$
$(6, 6)$

이므로

$P(A) = \dfrac{14}{36} = \dfrac{7}{18}$

$\dfrac{b}{a}$가 자연수이고 ab가 소수인 a, b의 순서쌍 (a, b)는

$(1, 2), (1, 3), (1, 5)$

이므로

$P(A \cap B) = \dfrac{3}{36} = \dfrac{1}{12}$

따라서 구하는 확률은

$P(B|A) = \dfrac{P(A \cap B)}{P(A)} = \dfrac{\dfrac{1}{12}}{\dfrac{7}{18}} = \dfrac{3}{14}$

답 ②

3 10개의 필기구 중에서 2개의 필기구를 선택하는 경우의 수는

$_{10}C_2 = 45$

선택한 2개의 필기구에 연필이 포함되어 있는 사건을 A, 2개 모두 연필인 사건을 B라 하면 구하는 확률은 $P(B|A)$이다.

선택한 2개의 필기구에 연필이 포함되어 있는 경우의 수는 연필 1개와 볼펜 1개를 선택하거나 연필 2개를 선택하는 경우의 수와 같으므로

$_4C_1 \times _6C_1 + _4C_2 = 4 \times 6 + 6 = 30$

그러므로 $P(A) = \dfrac{30}{45} = \dfrac{2}{3}$

사건 $A \cap B$는 2개의 필기구가 모두 연필인 사건이므로

$P(A \cap B) = \dfrac{6}{45} = \dfrac{2}{15}$

따라서 구하는 확률은

$P(B|A) = \dfrac{P(A \cap B)}{P(A)} = \dfrac{\dfrac{2}{15}}{\dfrac{2}{3}} = \dfrac{1}{5}$

답 ②

4 리만 가설을 선택한 학생인 사건을 A, 2학년 학생인 사건을 B라 하면 구하는 확률은 $P(B|A)$이다.

리만 가설을 선택한 학생이 16명이므로

$P(A) = \dfrac{16}{24} = \dfrac{2}{3}$

리만 가설을 선택한 2학년 학생이 6명이므로

$P(A \cap B) = \dfrac{6}{24} = \dfrac{1}{4}$

따라서 구하는 확률은

$P(B|A) = \dfrac{P(A \cap B)}{P(A)} = \dfrac{\dfrac{1}{4}}{\dfrac{2}{3}} = \dfrac{3}{8}$

답 ③

5 이 학년의 학생 중에서 임의로 한 명을 택할 때, 이 학생이 남학생인 사건을 A, 봉사활동을 하고 있는 학생인 사건을 B라 하자. 이때 A의 여사건 A^C은 이 학년의 학생 중에서 임의로 택한 한 명의 학생이 여학생인 사건이다.

이 학년 학생의 60 %가 남학생이므로

$P(A) = \dfrac{3}{5}$

이 학년의 남학생의 50 %가 봉사활동을 하고 있으므로

$P(B|A) = \dfrac{1}{2}$

그러므로 $P(A \cap B) = P(A)P(B|A) = \dfrac{3}{5} \times \dfrac{1}{2} = \dfrac{3}{10}$

또한 $P(A^C) = 1 - P(A) = \dfrac{2}{5}$

이 학년의 여학생의 40 %가 봉사활동을 하고 있으므로

$P(B|A^C) = \dfrac{2}{5}$

그러므로 $P(A^C \cap B) = P(A^C)P(B|A^C) = \dfrac{2}{5} \times \dfrac{2}{5} = \dfrac{4}{25}$

따라서 구하는 확률은

$P(B) = P(A \cap B) + P(A^C \cap B) = \dfrac{3}{10} + \dfrac{4}{25} = \dfrac{23}{50}$

답 ②

6 두 사건 A와 B가 서로 독립이므로

$$P(B|A)=P(B)=\frac{1}{3}$$

$$P(A\cup B)=P(A)+P(B)-P(A\cap B)$$
$$\qquad\qquad =P(A)+P(B)-P(A)P(B)$$

이므로

$$\frac{3}{4}=P(A)+\frac{1}{3}-\frac{1}{3}P(A)$$

따라서 $P(A)=\dfrac{5}{8}$

답 ⑤

7 6의 약수는 1, 2, 3, 6이므로 한 개의 주사위를 한 번 던질 때, 6의 약수의 눈이 나올 확률은

$$\frac{4}{6}=\frac{2}{3}$$

6의 약수의 눈이 1번 나올 확률은

$$_3{\rm C}_1\left(\frac{2}{3}\right)^1\left(\frac{1}{3}\right)^2=3\times\frac{2}{3}\times\frac{1}{9}=\frac{2}{9}$$

6의 약수의 눈이 3번 나올 확률은

$$_3{\rm C}_3\left(\frac{2}{3}\right)^3=\frac{8}{27}$$

따라서 구하는 확률은

$$\frac{2}{9}+\frac{8}{27}=\frac{14}{27}$$

답 ③

8 $\log_2 a=n$ (n은 정수)라 하면

$a=2^n$이므로 바닥에 닿은 면에 적혀 있는 세 수는 1 또는 2 또는 4이어야 한다.

이 상자를 3번 던질 때, 1 또는 2 또는 4가 3번 나와야 하므로 구하는 확률은

$$_3{\rm C}_3\left(\frac{3}{4}\right)^3=\frac{27}{64}$$

따라서 $p=64$, $q=27$이므로 $p+q=91$

답 91

Level ② 기본 연습　　　　　본문 54~55쪽

1 ③	2 ④	3 ④	4 ④	5 3
6 ④	7 89	8 ③		

1 이 고등학교의 학생 150명 중에서 임의로 선택한 한 명이 한라산을 등반해 본 경험이 없는 학생인 사건을 A, 여학생인 사건을 B라 하면 구하는 확률은 $P(B|A)$이다.

한라산을 등반해 본 경험이 없는 학생의 수는 50이므로

$$P(A)=\frac{50}{150}$$

한라산을 등반해 본 경험이 없는 여학생의 수는 20이므로

$$P(A\cap B)=\frac{20}{150}$$

따라서 구하는 확률은

$$P(B|A)=\frac{P(A\cap B)}{P(A)}=\frac{\dfrac{20}{150}}{\dfrac{50}{150}}=\frac{2}{5}$$

답 ③

2 이 주머니에서 동시에 2개의 공을 꺼내는 경우의 수는

$$_7{\rm C}_2=21$$

이 주머니에서 동시에 꺼낸 2개의 공에 적혀 있는 두 수의 곱이 홀수인 사건을 A, 2개의 공의 색이 같은 사건을 B라 하면 구하는 확률은 $P(B|A)$이다.

홀수가 적혀 있는 같은 색의 공 2개를 꺼내는 경우의 수는 홀수가 적혀 있는 검은 공 2개를 꺼내거나 홀수가 적혀 있는 흰 공 2개를 꺼내는 경우의 수와 같으므로

$$_2{\rm C}_2+_3{\rm C}_2=1+3=4$$

홀수가 적혀 있는 다른 색의 공 2개를 꺼내는 경우의 수는 홀수가 적혀 있는 검은 공 1개와 흰 공 1개를 꺼내는 경우의 수와 같으므로

$$_2{\rm C}_1\times_3{\rm C}_1=2\times 3=6$$

그러므로 $P(A)=\dfrac{4+6}{21}=\dfrac{10}{21}$

사건 $A\cap B$는 홀수가 적혀 있는 같은 색의 공 2개를 꺼내는 사건이므로

$$P(A\cap B)=\frac{4}{21}$$

따라서 구하는 확률은

$$P(B|A)=\frac{P(A\cap B)}{P(A)}=\frac{\dfrac{4}{21}}{\dfrac{10}{21}}=\frac{2}{5}$$

답 ④

3 X에서 X로의 모든 함수의 개수는

$$_4\Pi_4=4^4$$

$f(1) \leq f(2) \leq f(3)$인 사건을 A라 하고, $f(3)$의 값이 홀수인 사건을 B라 하면 구하는 확률은 $\mathrm{P}(B \mid A)$이다.

$f(1) \leq f(2) \leq f(3)$을 만족시키도록 $f(1)$, $f(2)$, $f(3)$의 값을 정하는 경우의 수는 1, 2, 3, 4 중에서 중복을 허락하여 3개의 원소를 뽑는 경우의 수와 같으므로

$_4\mathrm{H}_3 = {_6}\mathrm{C}_3 = 20$

$f(4)$의 값을 정하는 경우의 수는 4이므로

$\mathrm{P}(A) = \dfrac{20 \times 4}{4^4} = \dfrac{5}{16}$

$f(1) \leq f(2) \leq f(3)$이고 $f(3)$의 값이 홀수인 경우는 다음의 두 가지가 있다.

(i) $f(3) = 1$인 경우

  $f(1) \leq f(2) \leq 1$을 만족시키도록 $f(1)$, $f(2)$의 값을 정하는 경우의 수는 1이고, $f(4)$의 값을 정하는 경우의 수는 4이므로 이때의 경우의 수는

  $1 \times 4 = 4$

(ii) $f(3) = 3$인 경우

  $f(1) \leq f(2) \leq 3$을 만족시키도록 $f(1)$, $f(2)$의 값을 정하는 경우의 수는

  $_3\mathrm{H}_2 = {_4}\mathrm{C}_2 = 6$

  이고, $f(4)$의 값을 정하는 경우의 수는 4이므로 이때의 경우의 수는

  $6 \times 4 = 24$

(i), (ii)에서

$\mathrm{P}(A \cap B) = \dfrac{4 + 24}{4^4} = \dfrac{7}{64}$

따라서 구하는 확률은

$\mathrm{P}(B \mid A) = \dfrac{\mathrm{P}(A \cap B)}{\mathrm{P}(A)} = \dfrac{\frac{7}{64}}{\frac{5}{16}} = \dfrac{7}{20}$

답 ④

4 상자 A에서 꺼낸 공에 적혀 있는 숫자가 1인 사건을 A, 상자 B에서 꺼낸 공에 홀수가 적혀 있는 사건을 B라 하자. 이때 A의 여사건 A^C은 상자 A에서 꺼낸 공에 적혀 있는 숫자가 2인 사건이다.

상자 A에 숫자 1, 1, 1, 2가 하나씩 적혀 있는 공이 들어 있으므로

$\mathrm{P}(A) = \dfrac{3}{4}$

사건 A가 일어났을 때, 상자 B에 숫자 1, 1, 2, 2, 2, 4가 하나씩 적혀 있는 6개의 공이 들어 있으므로

$\mathrm{P}(B \mid A) = \dfrac{2}{6} = \dfrac{1}{3}$

그러므로 $\mathrm{P}(A \cap B) = \mathrm{P}(A)\mathrm{P}(B \mid A) = \dfrac{3}{4} \times \dfrac{1}{3} = \dfrac{1}{4}$

또한 $\mathrm{P}(A^C) = 1 - \mathrm{P}(A) = 1 - \dfrac{3}{4} = \dfrac{1}{4}$

사건 A^C이 일어났을 때, 상자 B에 숫자 1, 2, 2, 2, 2, 4가 하나씩 적혀 있는 6개의 공이 들어 있으므로

$\mathrm{P}(B \mid A^C) = \dfrac{1}{6}$

그러므로 $\mathrm{P}(A^C \cap B) = \mathrm{P}(A^C)\mathrm{P}(B \mid A^C) = \dfrac{1}{4} \times \dfrac{1}{6} = \dfrac{1}{24}$

따라서 구하는 확률은

$\mathrm{P}(B) = \mathrm{P}(A \cap B) + \mathrm{P}(A^C \cap B) = \dfrac{1}{4} + \dfrac{1}{24} = \dfrac{7}{24}$

답 ④

5 1부터 7까지의 자연수를 이 7개의 원에 하나씩 모두 적는 경우의 수는

$(7-1)! = 6!$

3으로 나눈 나머지가 같은 수들을 아래와 같이 각각 A, B, C로 나타내기로 하자.

A: 1, 4, 7

B: 2, 5

C: 3, 6

1부터 7까지의 자연수를 이 7개의 원에 이웃하는 두 원에 적은 두 수를 각각 3으로 나눈 나머지가 서로 다르도록 하나씩 모두 적는 사건을 T, 어떤 원과 이웃한 두 원에 3과 6이 적혀 있는 사건을 E라 하면 구하는 확률은 $\mathrm{P}(E \mid T)$이다.

B, C를 원 모양으로 배열하는 경우는 다음의 두 가지가 있다.

(i) 2, 3, 5, 6을 그림과 같이 배열하는 경우의 수는 $2! = 2$

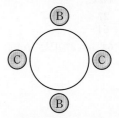

조건을 만족시키는 경우는 네 수의 사이사이 중에서 세 곳에 1, 4, 7을 배열하는 경우와 같으므로 경우의 수는

$_4\mathrm{P}_3 = 24$

이때의 경우의 수는

$2 \times 24 = 48$

(ii) 2, 3, 5, 6을 그림과 같이 배열하는 경우의 수는 $2! \times 2! = 4$

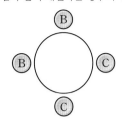

조건을 만족시키는 경우는 2, 5 사이에 A 중 1개를, 3, 6 사이에 A 중 1개를, B와 C 사이 중에서 한 곳에 나머지 A를 배열하는 경우와 같으므로

$3 \times 2 \times 2 = 12$

이때의 경우의 수는

$4 \times 12 = 48$

(i), (ii)에서

$P(T) = \dfrac{48+48}{6!} = \dfrac{2}{15}$

(ii)에서

$P(E \cap T) = \dfrac{48}{6!} = \dfrac{1}{15}$

따라서 구하는 확률은

$P(E|T) = \dfrac{P(E \cap T)}{P(T)} = \dfrac{\frac{1}{15}}{\frac{2}{15}} = \dfrac{1}{2}$

이므로 $p+q = 2+1 = 3$

답 3

6 두 사건 A, B가 서로 독립이므로 $P(A \cap B) = P(A)P(B)$

$P(A)P(B) = \dfrac{2}{5}P(B)$

$P(B) \neq 0$이므로 $P(A) = \dfrac{2}{5}$

$P(A \cup B) = 2P(A) = \dfrac{4}{5}$

$P(A \cup B) = P(A) + P(B) - P(A \cap B)$에서

$\dfrac{4}{5} = \dfrac{2}{5} + P(B) - \dfrac{2}{5}P(B)$

따라서 $P(B) = \dfrac{2}{3}$

답 ④

7 한 개의 주사위를 4번 던져서 3의 약수의 눈이 3번 나오면 되므로 구하는 확률은

$_4C_3 \left(\dfrac{1}{3}\right)^3 \left(\dfrac{2}{3}\right)^1 = \dfrac{8}{81}$

따라서 $p=81$, $q=8$이므로 $p+q=89$

답 89

8 한 개의 주사위를 3번 던져서 6의 눈이 나오는 횟수를 a라 하고, 6이 아닌 눈이 나오는 횟수를 b라 하면

$a+b=3$ ...... ㉠

A 제품 한 개에 포함된 탄수화물의 양이 4 g이고 B 제품 한 개에 포함된 탄수화물의 양이 2 g이므로

$4a+2b=10$ ...... ㉡

㉠, ㉡에서 $a=2$, $b=1$이므로 구하는 확률은

$_3C_2 \left(\dfrac{1}{6}\right)^2 \left(\dfrac{5}{6}\right)^1 = \dfrac{5}{72}$

답 ③

③ 실력 완성 Level 본문 56쪽

1 ④   2 ③   3 104

1 함수 $f \circ f$의 치역의 원소 중 홀수의 개수가 3인 사건을 A, 함수 f의 치역의 원소의 개수가 3인 사건을 B라 하면 구하는 확률은 $P(B|A)$이다.

집합 X에서 집합 X로의 함수의 개수는

$_5\Pi_5 = 5^5$

이고, 사건 A는 다음의 세 가지가 있다.

(i) 함수 f의 치역의 원소의 개수가 5인 경우
함수 f는 일대일대응이므로 함수 $f \circ f$의 치역의 원소 중 홀수의 개수는 3
이때의 함수 f의 개수는
$5! = 120$

(ii) 함수 f의 치역의 원소의 개수가 4인 경우
함수 f의 치역은 1, 3, 5를 포함해야 하므로 나머지 치역의 원소 1개를 선택하는 경우의 수는
$_2C_1 = 2$

• 함수 $f \circ f$의 치역의 원소의 개수가 4인 경우
함수 f의 치역에 포함되지 않는 집합 X의 원소의 함숫값을 정하는 경우의 수는 $_4C_1 = 4$
함수 $f \circ f$의 치역의 원소의 개수가 4이므로
함수 f의 치역의 원소의 함숫값을 정하는 경우의 수는
$4! = 24$

• 함수 $f \circ f$의 치역의 원소의 개수가 3인 경우
함수 $f \circ f$의 치역이 $\{1, 3, 5\}$이므로 함수 f의 치역에 포함되지 않는 집합 X의 원소의 함숫값을 정하는 경우의 수는 1
함수 $f \circ f$의 치역의 원소의 개수가 3이므로
함수 f의 치역의 원소 2개를 선택하는 경우의 수는
$_4C_2 = 6$
선택된 원소 2개를 1, 3, 5 중 하나에 대응시키는 경우의 수는 $_3C_1 = 3$
함수 f의 치역의 나머지 원소 2개의 함숫값을 정하는 경우의 수는 $2! = 2$
이때의 함수 f의 개수는
$2 \times (4 \times 24 + 1 \times 6 \times 3 \times 2) = 264$

(iii) 함수 f의 치역의 원소의 개수가 3인 경우
함수 f의 치역이 $\{1, 3, 5\}$이어야 하므로 $f(1)$, $f(3)$, $f(5)$를 1, 3, 5에 대응시키는 경우의 수는
$3! = 6$
이고 집합 X의 나머지 두 원소를 1, 3, 5에 대응시키는 경우의 수는
$_3\Pi_2 = 3^2 = 9$
이때의 함수 f의 개수는
$6 \times 9 = 54$

(i), (ii), (iii)에서
$$P(A) = \frac{120 + 264 + 54}{5^5} = \frac{438}{5^5}$$
사건 $A \cap B$는 함수 $f \circ f$의 치역의 원소 중 홀수의 개수가 3이고 함수 f의 치역의 원소의 개수가 3인 사건이므로
$$P(A \cap B) = \frac{54}{5^5}$$
따라서 구하는 확률은
$$P(B|A) = \frac{P(A \cap B)}{P(A)}$$
$$= \frac{\dfrac{54}{5^5}}{\dfrac{438}{5^5}} = \frac{9}{73}$$

답 ④

2 $\sin\dfrac{m\pi}{6} \times \cos\dfrac{n\pi}{3}$의 값이 정수인 사건을 A, mn의 값이 18의 배수인 사건을 B라 하면 구하는 확률은 $P(B|A)$이다. 2개의 공에 적혀 있는 두 수 중에서 큰 수를 기록하므로 m, n은 2 이상 8 이하의 자연수이다.

$\left|\sin\dfrac{m\pi}{6}\right| \leq 1$, $\left|\cos\dfrac{n\pi}{3}\right| \leq 1$이므로 $\sin\dfrac{m\pi}{6} \times \cos\dfrac{n\pi}{3}$의 값이 정수이려면 $\sin\dfrac{m\pi}{6}$, $\cos\dfrac{n\pi}{3}$ 중 적어도 하나가 0이거나 $\sin\dfrac{m\pi}{6}$, $\cos\dfrac{n\pi}{3}$가 모두 정수이어야 한다.

$\sin\dfrac{m\pi}{6}$의 값이 정수이려면 $m = 3$ 또는 $m = 6$

$\cos\dfrac{n\pi}{3}$의 값이 정수이려면 $n = 3$ 또는 $n = 6$

$\sin\dfrac{3\pi}{6} = 1$, $\sin\dfrac{6\pi}{6} = 0$, $\cos\dfrac{3\pi}{3} = -1$, $\cos\dfrac{6\pi}{3} = 1$
이므로
$\sin\dfrac{m\pi}{6} \times \cos\dfrac{n\pi}{3}$의 값이 정수이려면
$m = 6$일 때 n은 2 이상 8 이하의 자연수이고,
$m = 3$일 때 $n = 3$ 또는 $n = 6$이다.

(i) $m = 6$이고 n이 2 이상 8 이하의 자연수인 경우
첫 번째 시행에서 5 이하의 자연수가 적혀 있는 공 1개와 6이 적혀 있는 공 1개를 꺼내고, 두 번째 시행에서 어느 공을 꺼내도 상관없으므로 그 확률은
$$\frac{_5C_1 \times _1C_1}{_8C_2} \times \frac{_8C_2}{_8C_2} = \frac{5}{28}$$

(ii) $m = 3$이고 $n = 3$ 또는 $n = 6$인 경우
첫 번째 시행에서 2 이하의 자연수가 적혀 있는 공 1개와 3이 적혀 있는 공 1개를 꺼내고, 두 번째 시행에서 2 이하의 자연수가 적혀 있는 공 1개와 3이 적혀 있는 공 1개를 꺼내거나 5 이하의 자연수가 적혀 있는 공 1개와 6이 적혀 있는 공 1개를 꺼내면 되므로 그 확률은
$$\frac{_2C_1 \times _1C_1}{_8C_2} \times \left(\frac{_2C_1 \times _1C_1}{_8C_2} + \frac{_5C_1 \times _1C_1}{_8C_2}\right)$$
$$= \frac{2}{28} \times \left(\frac{2}{28} + \frac{5}{28}\right) = \frac{1}{56}$$

(i), (ii)에서 $P(A) = \dfrac{5}{28} + \dfrac{1}{56} = \dfrac{11}{56}$

사건 $A \cap B$는 $\sin\dfrac{m\pi}{6} \times \cos\dfrac{n\pi}{3}$의 값이 정수이고 mn의 값이 18의 배수인 사건이므로

(iii) $m = 6$, $n = 3$ 또는 $m = 6$, $n = 6$인 경우
첫 번째 시행에서 5 이하의 자연수가 적혀 있는 공 1개와 6이 적혀 있는 공 1개를 꺼내고, 두 번째 시행에서 2 이하의 자연수가 적혀 있는 공 1개와 3이 적혀 있는 공 1개를 꺼내거나 5 이하의 자연수가 적혀 있는 공 1개와 6

이 적혀 있는 공 1개를 꺼내면 되므로 그 확률은

$$\frac{{}_5C_1 \times {}_1C_1}{{}_8C_2} \times \left(\frac{{}_2C_1 \times {}_1C_1}{{}_8C_2} + \frac{{}_5C_1 \times {}_1C_1}{{}_8C_2} \right)$$

$$= \frac{5}{28} \times \left(\frac{2}{28} + \frac{5}{28} \right) = \frac{35}{28 \times 28}$$

(iv) $m=3$, $n=6$인 경우

첫 번째 시행에서 2 이하의 자연수가 적혀 있는 공 1개와 3이 적혀 있는 공 1개를 꺼내고, 두 번째 시행에서 5 이하의 자연수가 적혀 있는 공 1개와 6이 적혀 있는 공 1개를 꺼내면 되므로 그 확률은

$$\frac{{}_2C_1 \times {}_1C_1}{{}_8C_2} \times \frac{{}_5C_1 \times {}_1C_1}{{}_8C_2}$$

$$= \frac{2}{28} \times \frac{5}{28} = \frac{10}{28 \times 28}$$

(iii), (iv)에서

$$P(A \cap B) = \frac{35}{28 \times 28} + \frac{10}{28 \times 28} = \frac{45}{28 \times 28}$$

따라서 구하는 확률은

$$P(B|A) = \frac{P(A \cap B)}{P(A)} = \frac{\dfrac{45}{28 \times 28}}{\dfrac{11}{56}} = \frac{45}{154}$$

답 ③

3 n명의 학생들 중 한 명의 학생을 택할 때, 이 학생의 수험번호가 20 이하인 사건을 A라 하고 홀수인 사건을 B라 하면

$$P(A) = \frac{15}{n}, \ P(B) = \frac{12}{n}$$

사건 $A \cap B$는 수험번호가 20 이하의 홀수인 사건이므로

$$P(A \cap B) = \frac{k}{n} \ (k는 자연수)라 놓을 수 있다.$$

20 이하의 홀수와 짝수의 개수가 각각 10이므로 수험번호가 20 이하의 홀수인 학생은 5명 이상 10명 이하이다.

$5 \leq k \leq 10$ ······ ㉠

두 사건 A, B가 서로 독립이므로 $P(A \cap B) = P(A)P(B)$

$$\frac{k}{n} = \frac{15}{n} \times \frac{12}{n}$$

즉, $nk = 180$

㉠에서

$n=36$ 또는 $n=30$ 또는 $n=20$ 또는 $n=18$

따라서 구하는 모든 자연수 n의 값의 합은

$36+30+20+18=104$

답 104

05 이산확률변수의 확률분포

유제
본문 59~67쪽

1 ④	2 ⑤	3 ③	4 4	5 ④
6 ②	7 ①	8 10	9 ①	10 50

1 $X^2 - 7X + 10 < 0$에서

$(X-2)(X-5) < 0$

$2 < X < 5$

따라서 $X=3$ 또는 $X=4$

$$P(X^2-7X+10<0) = P(X=3) + P(X=4)$$

$$= \frac{2^2}{63} + \frac{2^3}{63}$$

$$= \frac{4+8}{63} = \frac{4}{21}$$

답 ④

2 5장의 카드 중에서 2장의 카드를 동시에 택하는 경우의 수는

$${}_5C_2 = \frac{5 \times 4}{2 \times 1} = 10$$

확률변수 X가 갖는 값은 2, 4, 6, 8이다.

$P(|X-4|=2)$에서

$X-4=-2$ 또는 $X-4=2$

$X=2$ 또는 $X=6$

꺼낸 2장의 카드에 적혀 있는 두 수를 a, b $(a<b)$라 할 때 순서쌍 (a, b)로 나타내자.

$X=2$일 때, $(1, 3)$, $(3, 5)$, $(5, 7)$, $(7, 9)$인 경우이므로

$$P(X=2) = \frac{4}{10} = \frac{2}{5}$$

$X=6$일 때, $(1, 7)$, $(3, 9)$인 경우이므로

$$P(X=6) = \frac{2}{10} = \frac{1}{5}$$

따라서

$$P(|X-4|=2) = P(X=2) + P(X=6)$$

$$= \frac{2}{5} + \frac{1}{5} = \frac{3}{5}$$

답 ⑤

3 확률변수 X가 갖는 모든 값에 대한 확률의 합은 1이므로

$$\frac{2}{9} + a + b + \frac{1}{9} = 1에서$$

$$a+b = \frac{2}{3} \ \ \ ······ ㉠$$

$$P(3 \le X \le 4) = P(X=3) + P(X=4)$$
$$= b + \frac{1}{9} = \frac{4}{9}$$

에서

$$b = \frac{4}{9} - \frac{1}{9} = \frac{1}{3}$$

㉠에서 $a = \frac{2}{3} - \frac{1}{3} = \frac{1}{3}$

확률변수 X의 확률분포를 표로 나타내면 다음과 같다.

X	1	2	3	4	합계
$P(X=x)$	$\frac{2}{9}$	$\frac{1}{3}$	$\frac{1}{3}$	$\frac{1}{9}$	1

따라서

$$E(X) = 1 \times \frac{2}{9} + 2 \times \frac{1}{3} + 3 \times \frac{1}{3} + 4 \times \frac{1}{9} = \frac{7}{3}$$

답 ③

4 $P(X=x) = a(7-x)$ $(x=3,\ 4,\ 5,\ 6)$이고
확률변수 X가 갖는 모든 값에 대한 확률의 합은 1이므로
$4a + 3a + 2a + a = 10a = 1$에서

$$a = \frac{1}{10}$$

확률변수 X의 확률분포를 표로 나타내면 다음과 같다.

X	3	4	5	6	합계
$P(X=x)$	$\frac{2}{5}$	$\frac{3}{10}$	$\frac{1}{5}$	$\frac{1}{10}$	1

따라서

$$E(X) = 3 \times \frac{2}{5} + 4 \times \frac{3}{10} + 5 \times \frac{1}{5} + 6 \times \frac{1}{10} = 4$$

답 4

5 확률변수 X가 갖는 모든 값에 대한 확률의 합은 1이므로
$a + \frac{1}{6} + b = 1$에서

$$a + b = \frac{5}{6} \quad \cdots\cdots ㉠$$

$E(X) = \frac{3}{2}$이므로

$E(X) = 1 \times a + 2 \times \frac{1}{6} + 3 \times b = \frac{3}{2}$에서

$$a + 3b = \frac{7}{6} \quad \cdots\cdots ㉡$$

㉠, ㉡을 연립하여 풀면 $a = \frac{2}{3}$, $b = \frac{1}{6}$

확률변수 X의 확률분포를 표로 나타내면 다음과 같다.

X	1	2	3	합계
$P(X=x)$	$\frac{2}{3}$	$\frac{1}{6}$	$\frac{1}{6}$	1

$$E(X^2) = 1^2 \times \frac{2}{3} + 2^2 \times \frac{1}{6} + 3^2 \times \frac{1}{6} = \frac{17}{6}$$

따라서

$$V(X) = E(X^2) - \{E(X)\}^2 = \frac{17}{6} - \left(\frac{3}{2}\right)^2 = \frac{7}{12}$$

답 ④

6 확률변수 X가 갖는 값은 1, 2, 3이다.
$X=1$일 때, 꺼낸 카드에 적혀 있는 수가 1인 경우
$X=2$일 때, 꺼낸 카드에 적혀 있는 수가 2, 3인 경우
$X=3$일 때, 꺼낸 카드에 적혀 있는 수가 4인 경우
확률변수 X의 확률분포를 표로 나타내면 다음과 같다.

X	1	2	3	합계
$P(X=x)$	$\frac{1}{4}$	$\frac{1}{2}$	$\frac{1}{4}$	1

$$E(X) = 1 \times \frac{1}{4} + 2 \times \frac{1}{2} + 3 \times \frac{1}{4} = 2$$

$$E(X^2) = 1^2 \times \frac{1}{4} + 2^2 \times \frac{1}{2} + 3^2 \times \frac{1}{4} = \frac{9}{2}$$

따라서

$$V(X) = E(X^2) - \{E(X)\}^2 = \frac{9}{2} - 2^2 = \frac{1}{2}$$

이므로

$$\sigma(X) = \sqrt{V(X)} = \frac{\sqrt{2}}{2}$$

답 ②

7 $E(3X-2) = 3E(X) - 2 = 19$이므로
$E(X) = 7$
$V(-2X+3) = (-2)^2 V(X) = 4V(X) = 12$이므로
$V(X) = 3$
따라서 $V(X) = E(X^2) - \{E(X)\}^2$에서
$E(X^2) = V(X) + \{E(X)\}^2$
$\qquad = 3 + 7^2 = 52$

답 ①

8 확률변수 X가 갖는 값은 2, 4, 8이다.

확률변수 X의 확률분포를 표로 나타내면 다음과 같다.

X	2	4	8	합계
$P(X=x)$	$\dfrac{1}{3}$	$\dfrac{1}{2}$	$\dfrac{1}{6}$	1

$E(X)=2\times\dfrac{1}{3}+4\times\dfrac{1}{2}+8\times\dfrac{1}{6}=4$

$V(X)=E(X^2)-\{E(X)\}^2$

$\qquad=2^2\times\dfrac{1}{3}+4^2\times\dfrac{1}{2}+8^2\times\dfrac{1}{6}-4^2=4$

따라서 $\sigma(X)=\sqrt{V(X)}=2$이므로

$\sigma(5X+4)=5\sigma(X)=5\times2=10$

답 10

9 확률변수 X가 이항분포 $B\left(n,\dfrac{2}{5}\right)$를 따르므로

$E(X)=n\times\dfrac{2}{5}=\dfrac{2}{5}n$, $V(X)=n\times\dfrac{2}{5}\times\dfrac{3}{5}=\dfrac{6}{25}n$

$E(2X)+V(2X)=88$에서

$E(2X)+V(2X)=2E(X)+2^2V(X)$

$\qquad\qquad\qquad\qquad=2\times\dfrac{2}{5}n+4\times\dfrac{6}{25}n$

$\qquad\qquad\qquad\qquad=\dfrac{4}{5}n+\dfrac{24}{25}n=\dfrac{44}{25}n$

따라서 $\dfrac{44}{25}n=88$이므로

$n=50$

답 ①

10 주머니에서 3개의 공을 동시에 꺼내는 경우의 수는

$_9C_3=\dfrac{9\times8\times7}{3\times2\times1}=84$

한 번의 시행에서 꺼낸 공의 색이 모두 서로 다른 경우는 노란 공, 빨간 공, 파란 공을 각각 1개씩 꺼내는 경우이므로 이 경우의 확률은

$\dfrac{_2C_1\times_3C_1\times_4C_1}{_9C_3}=\dfrac{24}{84}=\dfrac{2}{7}$

따라서 확률변수 X는 이항분포 $B\left(490,\dfrac{2}{7}\right)$를 따르므로

$\sigma(X)=\sqrt{490\times\dfrac{2}{7}\times\dfrac{5}{7}}=10$

$\sigma(5X-1)=5\sigma(X)=5\times10=50$

답 50

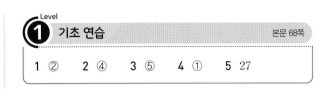

본문 68쪽

1 ②	**2** ④	**3** ⑤	**4** ①	**5** 27

1 5번의 게임을 할 때 3의 약수의 눈이 나온 횟수를 x, 3의 약수가 아닌 눈이 나온 횟수를 y라 하면

$x+y=5$　　……㉠

5번의 게임을 한 후 얻은 모든 점수의 합이 9이려면

$2x+y=9$　　……㉡

㉠, ㉡을 연립하여 풀면

$x=4$, $y=1$

한 개의 주사위를 던져 3의 약수의 눈이 나올 확률이

$\dfrac{2}{6}=\dfrac{1}{3}$이므로 5번의 게임을 하여 $X=9$일 확률은

$P(X=9)={}_5C_4\left(\dfrac{1}{3}\right)^4\left(\dfrac{2}{3}\right)^1=\dfrac{10}{243}$

답 ②

2 $P(X=-2)=-2a+3a=a$

$P(X=-1)=-a+3a=2a$

$P(X=0)=0+3a=3a$

$P(X=1)=a+3a=4a$

$P(X=2)=2a+3a=5a$

확률변수 X가 갖는 모든 값에 대한 확률의 합은 1이므로

$a+2a+3a+4a+5a=15a=1$에서 $a=\dfrac{1}{15}$

확률변수 X의 확률분포를 표로 나타내면 다음과 같다.

X	-2	-1	0	1	2	합계
$P(X=x)$	$\dfrac{1}{15}$	$\dfrac{2}{15}$	$\dfrac{1}{5}$	$\dfrac{4}{15}$	$\dfrac{1}{3}$	1

따라서

$E(X)$

$=(-2)\times\dfrac{1}{15}+(-1)\times\dfrac{2}{15}+0\times\dfrac{1}{5}+1\times\dfrac{4}{15}+2\times\dfrac{1}{3}$

$=\dfrac{2}{3}$

답 ④

3 확률변수 X가 갖는 모든 값에 대한 확률의 합은 1이므로

$a+\dfrac{1}{8}+\dfrac{1}{4}+b=1$에서

$a+b=\dfrac{5}{8}$ ····· ㉠

$V(X)=E(X^2)$에서

$V(X)=E(X^2)-\{E(X)\}^2$이므로 $E(X)=0$

$E(X)=(-1)\times a+0\times\dfrac{1}{8}+1\times\dfrac{1}{4}+2\times b=0$에서

$a=2b+\dfrac{1}{4}$ ····· ㉡

㉠, ㉡을 연립하여 풀면 $a=\dfrac{1}{2}$, $b=\dfrac{1}{8}$

따라서 $a-b=\dfrac{1}{2}-\dfrac{1}{8}=\dfrac{3}{8}$

답 ⑤

4 확률변수 X가 갖는 값은 0, 1, 2이다.

5명의 학생 중 2명을 택하는 경우의 수는

$_5C_2=\dfrac{5\times 4}{2\times 1}=10$

(ⅰ) $X=0$일 때, 2학년 학생 2명을 택하는 경우이므로

$P(X=0)=\dfrac{_2C_2}{_5C_2}=\dfrac{1}{10}$

(ⅱ) $X=1$일 때, 2학년 학생과 3학년 학생을 각각 1명씩 택하는 경우이므로

$P(X=1)=\dfrac{_2C_1\times _3C_1}{_5C_2}=\dfrac{6}{10}=\dfrac{3}{5}$

(ⅲ) $X=2$일 때, 3학년 학생 2명을 택하는 경우이므로

$P(X=2)=\dfrac{_3C_2}{_5C_2}=\dfrac{3}{10}$

(ⅰ), (ⅱ), (ⅲ)에 의하여 확률변수 X의 확률분포를 표로 나타내면 다음과 같다.

X	0	1	2	합계
$P(X=x)$	$\dfrac{1}{10}$	$\dfrac{3}{5}$	$\dfrac{3}{10}$	1

$E(X)=0\times\dfrac{1}{10}+1\times\dfrac{3}{5}+2\times\dfrac{3}{10}=\dfrac{6}{5}$

$E(X^2)=0^2\times\dfrac{1}{10}+1^2\times\dfrac{3}{5}+2^2\times\dfrac{3}{10}=\dfrac{9}{5}$

$V(X)=E(X^2)-\{E(X)\}^2=\dfrac{9}{5}-\left(\dfrac{6}{5}\right)^2=\dfrac{9}{25}$

따라서

$E(5X-1)=5E(X)-1=5\times\dfrac{6}{5}-1=5$

$V(5X-1)=5^2V(X)=25\times\dfrac{9}{25}=9$

이므로

$E(5X-1)+V(5X-1)=5+9=14$

답 ①

5 사건 A가 일어날 확률은 $\dfrac{1}{4}$이므로 확률변수 X는 이항분포 $B\left(n,\ \dfrac{1}{4}\right)$을 따른다.

$E(X)=n\times\dfrac{1}{4}=\dfrac{n}{4}$

$V(X)=n\times\dfrac{1}{4}\times\dfrac{3}{4}=\dfrac{3}{16}n$

$\{E(X)\}^2=V(3X)=9V(X)$에서

$\left(\dfrac{n}{4}\right)^2=9\times\dfrac{3}{16}n$

$n^2=27n$

이때 n은 자연수이므로

$n=27$

답 27

Level **2** 기본 연습 본문 69~70쪽

1 ③	**2** ①	**3** ④	**4** ②	**5** 158
6 ⑤	**7** ①	**8** 206		

1 $P(X=0)=a$, $P(X=1)=b$라 하자.

$P(X=2)=\dfrac{1}{2}P(X=1)=\dfrac{1}{2}b$

$P(X=3)=\dfrac{1}{2}P(X=2)=\dfrac{1}{2}\times\dfrac{1}{2}b=\dfrac{1}{4}b$

확률변수 X의 확률분포를 표로 나타내면 다음과 같다.

X	0	1	2	3	합계
$P(X=x)$	a	b	$\dfrac{1}{2}b$	$\dfrac{1}{4}b$	1

확률변수 X가 갖는 모든 값에 대한 확률의 합은 1이므로

$a+b+\dfrac{1}{2}b+\dfrac{1}{4}b=1$

$a+\dfrac{7}{4}b=1$ ····· ㉠

$E(X)=\dfrac{11}{16}$에서

$E(X)=0\times a+1\times b+2\times\dfrac{1}{2}b+3\times\dfrac{1}{4}b=\dfrac{11}{16}$

$\dfrac{11}{4}b=\dfrac{11}{16}$, $b=\dfrac{1}{4}$

$b=\dfrac{1}{4}$을 ㉠에 대입하면

$a=1-\dfrac{7}{4}b=1-\dfrac{7}{4}\times\dfrac{1}{4}=\dfrac{9}{16}$

따라서

$$\text{P}(X=0)+\text{P}(X=2)=a+\frac{1}{2}b$$

$$=\frac{9}{16}+\frac{1}{8}=\frac{11}{16}$$

답 ③

2 1학년 학생 2명, 2학년 학생 2명, 3학년 학생 2명을 2명씩 3개의 팀으로 나누는 경우의 수는

$$_6\text{C}_2\times_4\text{C}_2\times_2\text{C}_2\times\frac{1}{3!}=15\times6\times1\times\frac{1}{6}=15$$

$X=1$일 때, 한 학년의 학생끼리만 같은 팀이고 나머지 두 학년의 학생은 다른 학년의 학생과 같은 팀이 되는 경우로 같은 팀이 되는 학년을 정하는 경우의 수는 3

이 각각에 대하여 나머지 두 학년의 학생이 서로 다른 팀이 되는 경우의 수는 2이므로

$$\text{P}(X=1)=\frac{3\times2}{15}=\frac{2}{5}$$

$X=3$일 때, 1, 2, 3학년의 학생 모두 같은 학년의 학생끼리 같은 팀이 되는 경우의 수는 1이므로

$$\text{P}(X=3)=\frac{1}{15}$$

따라서

$$\text{P}(X=1)-\text{P}(X=3)=\frac{2}{5}-\frac{1}{15}=\frac{1}{3}$$

답 ①

3 확률변수 X가 갖는 값은 0, 3, 6이다.

(ⅰ) $X=0$일 때, 꺼낸 세 공에 적혀 있는 수가 모두 0인 경우이므로

$$\text{P}(X=0)=\left(\frac{1}{3}\right)^3=\frac{1}{27}$$

(ⅱ) $X=3$일 때, 꺼낸 세 공에 적혀 있는 수가 0 또는 3인 경우에서 꺼낸 세 공에 적혀 있는 수가 모두 0인 경우를 제외하면 되므로

$$\text{P}(X=3)=\left(\frac{2}{3}\right)^3-\left(\frac{1}{3}\right)^3=\frac{7}{27}$$

(ⅲ) $X=6$일 때, 꺼낸 세 공에 적혀 있는 수가 0 또는 3 또는 6인 경우에서 꺼낸 세 공에 적혀 있는 수가 0 또는 3인 경우를 제외하면 되므로

$$\text{P}(X=6)=\left(\frac{3}{3}\right)^3-\left(\frac{2}{3}\right)^3=\frac{19}{27}$$

(ⅰ), (ⅱ), (ⅲ)에 의하여 확률변수 X의 확률분포를 표로 나타내면 다음과 같다.

X	0	3	6	합계
$\text{P}(X=x)$	$\dfrac{1}{27}$	$\dfrac{7}{27}$	$\dfrac{19}{27}$	1

$$\text{E}(X)=0\times\frac{1}{27}+3\times\frac{7}{27}+6\times\frac{19}{27}=5$$

$$\text{E}(X^2)=0^2\times\frac{1}{27}+3^2\times\frac{7}{27}+6^2\times\frac{19}{27}=\frac{83}{3}$$

$$\text{V}(X)=\text{E}(X^2)-\{\text{E}(X)\}^2$$

$$=\frac{83}{3}-5^2=\frac{8}{3}$$

따라서 $\sigma(X)=\sqrt{\text{V}(X)}=\sqrt{\frac{8}{3}}=\frac{2\sqrt{6}}{3}$

답 ④

4 확률변수 X가 갖는 모든 값에 대한 확률의 합은 1이므로

$$\frac{1}{6}+b+\frac{1}{2}+\frac{1}{12}=1,\ b=\frac{1}{4}$$

$\text{E}(X)=\dfrac{5}{4}$에서

$$\text{E}(X)=a\times\frac{1}{6}+2a\times\frac{1}{4}+3a\times\frac{1}{2}+4a\times\frac{1}{12}$$

$$=\frac{5}{2}a=\frac{5}{4}$$

따라서 $a=\dfrac{1}{2}$

이때 $Y=aX+b=\dfrac{1}{2}X+\dfrac{1}{4}$이므로

$$\text{E}(Y)=\text{E}\left(\frac{1}{2}X+\frac{1}{4}\right)$$

$$=\frac{1}{2}\text{E}(X)+\frac{1}{4}$$

$$=\frac{1}{2}\times\frac{5}{4}+\frac{1}{4}=\frac{7}{8}$$

답 ②

5 이 시행으로 일어나는 경우를 다음과 같이 나눌 수 있다.

첫 번째 꺼낸 공	두 번째 꺼낸 공	X
흰 공	흰 공 2개	3
	흰 공 1개, 검은 공 1개	2
	검은 공 2개	1
검은 공	흰 공 2개	2
	흰 공 1개, 검은 공 1개	1
	검은 공 2개	0

즉, 확률변수 X가 갖는 값은 0, 1, 2, 3이다.

(i) $X=0$일 때

$$P(X=0)=\frac{1}{2}\times\frac{{}_2C_2}{{}_5C_2}=\frac{1}{2}\times\frac{1}{10}=\frac{1}{20}$$

(ii) $X=1$일 때

$$P(X=1)=\frac{1}{2}\times\frac{{}_3C_2}{{}_6C_2}+\frac{1}{2}\times\frac{{}_3C_1\times{}_2C_1}{{}_5C_2}$$
$$=\frac{1}{2}\times\frac{3}{15}+\frac{1}{2}\times\frac{6}{10}=\frac{2}{5}$$

(iii) $X=2$일 때

$$P(X=2)=\frac{1}{2}\times\frac{{}_3C_1\times{}_3C_1}{{}_6C_2}+\frac{1}{2}\times\frac{{}_3C_2}{{}_5C_2}$$
$$=\frac{1}{2}\times\frac{9}{15}+\frac{1}{2}\times\frac{3}{10}=\frac{9}{20}$$

(iv) $X=3$일 때

$$P(X=3)=\frac{1}{2}\times\frac{{}_3C_2}{{}_6C_2}=\frac{1}{2}\times\frac{3}{15}=\frac{1}{10}$$

(i)~(iv)에 의하여 확률변수 X의 확률분포를 표로 나타내면 다음과 같다.

X	0	1	2	3	합계
$P(X=x)$	$\frac{1}{20}$	$\frac{2}{5}$	$\frac{9}{20}$	$\frac{1}{10}$	1

$$E(X)=0\times\frac{1}{20}+1\times\frac{2}{5}+2\times\frac{9}{20}+3\times\frac{1}{10}=\frac{8}{5}$$

따라서

$$E(100X-2)=100E(X)-2$$
$$=100\times\frac{8}{5}-2=158$$

답 158

6 $P(X=-2)=p$라 하자.

$P(X=k+1)=P(X=k)+d$ $(k=-2, -1, 0, 1)$

이므로 확률변수 X의 확률분포를 표로 나타내면 다음과 같다.

X	-2	-1	0	1	2	합계
$P(X=x)$	p	$p+d$	$p+2d$	$p+3d$	$p+4d$	1

확률변수 X가 갖는 모든 값에 대한 확률의 합은 1이므로

$p+(p+d)+(p+2d)+(p+3d)+(p+4d)=1$

$5p+10d=1$ ······ ㉠

$P(X=1)=P(X=-1)+\frac{4}{25}$에서

$p+3d=p+d+\frac{4}{25},\ d=\frac{2}{25}$

$d=\frac{2}{25}$를 ㉠에 대입하면

$5p+\frac{4}{5}=1,\ p=\frac{1}{25}$

따라서 확률변수 X의 확률분포를 표로 나타내면 다음과 같다.

X	-2	-1	0	1	2	합계
$P(X=x)$	$\frac{1}{25}$	$\frac{3}{25}$	$\frac{1}{5}$	$\frac{7}{25}$	$\frac{9}{25}$	1

$$E(X)=(-2)\times\frac{1}{25}+(-1)\times\frac{3}{25}+0\times\frac{1}{5}$$
$$+1\times\frac{7}{25}+2\times\frac{9}{25}$$
$$=\frac{20}{25}=\frac{4}{5}$$

$$E(X^2)=(-2)^2\times\frac{1}{25}+(-1)^2\times\frac{3}{25}+0^2\times\frac{1}{5}$$
$$+1^2\times\frac{7}{25}+2^2\times\frac{9}{25}$$
$$=\frac{50}{25}=2$$

$$V(X)=E(X^2)-\{E(X)\}^2=2-\left(\frac{4}{5}\right)^2=\frac{34}{25}$$

$V(aX)=136$에서

$$V(aX)=a^2V(X)=a^2\times\frac{34}{25}=136$$

$a^2=100$

이때 $a>0$이므로 $a=10$

답 ⑤

7 확률변수 X가 이항분포 $B(6, p)$를 따르므로

$P(X=r)={}_6C_r p^r(1-p)^{6-r}$ $(r=0, 1, 2, \cdots, 6)$

$\frac{3}{4}\times P(X=0)+P(X=1)=P(X=2)$에서

$\frac{3}{4}\times{}_6C_0(1-p)^6+{}_6C_1 p(1-p)^5={}_6C_2 p^2(1-p)^4$

이때 $p\neq1$, 즉 $1-p\neq0$이므로

$\frac{3}{4}(1-p)^2+6p(1-p)=15p^2$

$(1-p)^2+8p(1-p)=20p^2$

$27p^2-6p-1=0$

$(3p-1)(9p+1)=0$

$p>0$이므로 $p=\frac{1}{3}$

따라서 $E(X)=6\times\frac{1}{3}=2$

답 ①

8 7개의 공 중 3개의 공을 동시에 꺼내는 경우의 수는

$$_7C_3 = \frac{7 \times 6 \times 5}{3 \times 2 \times 1} = 35$$

꺼낸 공에 적혀 있는 세 수가 각각 a, b, c ($a<b<c$)인 경우를 순서쌍 (a, b, c)로 나타내자.

꺼낸 공에 적혀 있는 세 수 중 어느 두 수도 차가 1이 아닌 경우는

$(1, 3, 5)$, $(1, 3, 6)$, $(1, 3, 7)$,

$(1, 4, 6)$, $(1, 4, 7)$, $(1, 5, 7)$,

$(2, 4, 6)$, $(2, 4, 7)$, $(2, 5, 7)$,

$(3, 5, 7)$

일 때이므로 이 경우의 수는 10이다.

한 번의 시행에서 꺼낸 공에 적혀 있는 세 수 중 어느 두 수도 연속되지 않을 확률은 $\frac{10}{35} = \frac{2}{7}$이므로 확률변수 X는 이항분포 $B\left(49, \frac{2}{7}\right)$를 따른다.

따라서

$$E(X) = 49 \times \frac{2}{7} = 14$$

$$V(X) = 49 \times \frac{2}{7} \times \frac{5}{7} = 10$$

이므로

$$E(X^2) = V(X) + \{E(X)\}^2 = 10 + 14^2 = 206$$

답 206

Level 3 실력 완성　　　　　　　　본문 71쪽

| **1** ③ | **2** ⑤ | **3** 52 |

1 확률변수 X가 갖는 모든 값에 대한 확률의 합은 1이고

$\sum\limits_{k=1}^{2n} (-1)^{k+1} = 0$이므로

$$\sum_{k=1}^{2n} P(X=k) = \sum_{k=1}^{2n} c\{(-1)^{k+1} + k\}$$

$$= c\left\{\sum_{k=1}^{2n}(-1)^{k+1} + \sum_{k=1}^{2n} k\right\}$$

$$= c\left\{0 + \frac{2n(2n+1)}{2}\right\}$$

$$= cn(2n+1) = 1$$

에서

$$c = \frac{1}{n(2n+1)}$$

$$\sum_{k=1}^{2n} k(-1)^{k+1}$$

$$= 1 + (-2) + 3 + (-4) + \cdots + (2n-1) + (-2n)$$

$$= -n$$

$E(X) = \frac{48}{5}$에서

$$E(X) = \sum_{k=1}^{2n} \{k \times P(X=k)\}$$

$$= \sum_{k=1}^{2n} kc\{(-1)^{k+1} + k\}$$

$$= c\left\{\sum_{k=1}^{2n} k(-1)^{k+1} + \sum_{k=1}^{2n} k^2\right\}$$

$$= c\left\{-n + \frac{2n(2n+1)(4n+1)}{6}\right\}$$

$$= \frac{1}{n(2n+1)} \times \left\{-n + \frac{n(2n+1)(4n+1)}{3}\right\}$$

$$= -\frac{1}{2n+1} + \frac{4n+1}{3}$$

$$= \frac{2(4n^2+3n-1)}{3(2n+1)} = \frac{48}{5}$$

이므로

$$\frac{4n^2+3n-1}{2n+1} = \frac{72}{5}$$

$$20n^2 + 15n - 5 = 144n + 72$$

$$20n^2 - 129n - 77 = 0$$

$$(20n+11)(n-7) = 0$$

n은 자연수이므로 $n=7$

답 ③

2 확률변수 X가 갖는 값은 1, 2, 3이고 4개의 직사각형에 3가지 색으로 칠하는 경우의 수는 $3^4 = 81$이다.

(i) $X=1$일 때, 1가지 색으로 칠하는 경우이므로

$$P(X=1) = \frac{3}{81} = \frac{1}{27}$$

(ii) $X=2$일 때, 2가지 색으로 칠하는 경우이므로

색칠할 2가지 색을 정하는 경우의 수는 $_3C_2 = 3$

㉠ 2가지 색을 1번, 3번 칠하는 경우

2가지 색 중에서 3번 칠하는 색을 정하는 경우의 수는 $_2C_1 = 2$이므로 4개의 직사각형에 칠하는 경우의 수는

$$2 \times \frac{4!}{3!} = 8$$

㉡ 2가지 색을 2번씩 칠하는 경우

4개의 직사각형에 칠하는 경우의 수는

$$\frac{4!}{2! \times 2!} = 6$$

즉, $P(X=2) = \frac{3 \times (8+6)}{81} = \frac{14}{27}$

(iii) $X=3$일 때, 3가지 색을 1번, 1번, 2번 칠하는 경우이고 3가지 색 중에서 2번 칠하는 색을 정하는 경우의 수는 $_3C_1=3$이므로 4개의 직사각형에 칠하는 경우의 수는

$$3 \times \frac{4!}{2!}=36$$

즉, $P(X=3)=\dfrac{36}{81}=\dfrac{4}{9}$

(i), (ii), (iii)에 의하여 확률변수 X의 확률분포를 표로 나타내면 다음과 같다.

X	1	2	3	합계
$P(X=x)$	$\dfrac{1}{27}$	$\dfrac{14}{27}$	$\dfrac{4}{9}$	1

$$E(X)=1 \times \frac{1}{27}+2 \times \frac{14}{27}+3 \times \frac{4}{9}=\frac{65}{27}$$

따라서

$$\begin{aligned}E\left(\frac{9}{5}X-2\right)&=\frac{9}{5}E(X)-2\\&=\frac{9}{5} \times \frac{65}{27}-2=\frac{7}{3}\end{aligned}$$

답 ⑤

3 확률변수 X가 갖는 값은 0, 1, 2, 3, 4이고 7장의 카드 중 4장의 카드를 동시에 꺼내는 경우의 수는

$$_7C_4=_7C_3=\frac{7 \times 6 \times 5}{3 \times 2 \times 1}=35$$

(i) $X=0$일 때, 0이 적혀 있는 카드 4장을 꺼내는 경우이므로

$$P(X=0)=\frac{_4C_4}{35}=\frac{1}{35}$$

(ii) $X=1$일 때, 0이 적혀 있는 카드 3장과 1이 적혀 있는 카드 1장을 꺼내는 경우이므로

$$P(X=1)=\frac{_4C_3 \times _2C_1}{35}=\frac{8}{35}$$

(iii) $X=2$일 때, 0이 적혀 있는 카드 3장과 2가 적혀 있는 카드 1장을 꺼내거나 0이 적혀 있는 카드 2장과 1이 적혀 있는 카드 2장을 꺼내는 경우이므로

$$P(X=2)=\frac{_4C_3 \times _1C_1+_4C_2 \times _2C_2}{35}=\frac{4+6}{35}=\frac{2}{7}$$

(iv) $X=3$일 때, 0이 적혀 있는 카드 2장, 1이 적혀 있는 카드 1장, 2가 적혀 있는 카드 1장을 꺼내는 경우이므로

$$P(X=3)=\frac{_4C_2 \times _2C_1 \times _1C_1}{35}=\frac{12}{35}$$

(v) $X=4$일 때, 0이 적혀 있는 카드 1장, 1이 적혀 있는 카드 2장, 2가 적혀 있는 카드 1장을 꺼내는 경우이므로

$$P(X=4)=\frac{_4C_1 \times _2C_2 \times _1C_1}{35}=\frac{4}{35}$$

(i)~(v)에 의하여 확률변수 X의 확률분포를 표로 나타내면 다음과 같다.

X	0	1	2	3	4	합계
$P(X=x)$	$\dfrac{1}{35}$	$\dfrac{8}{35}$	$\dfrac{2}{7}$	$\dfrac{12}{35}$	$\dfrac{4}{35}$	1

$$\begin{aligned}E(X)&=0 \times \frac{1}{35}+1 \times \frac{8}{35}+2 \times \frac{2}{7}+3 \times \frac{12}{35}+4 \times \frac{4}{35}\\&=\frac{16}{7}\end{aligned}$$

$$\begin{aligned}E(X^2)&=0^2 \times \frac{1}{35}+1^2 \times \frac{8}{35}+2^2 \times \frac{2}{7}+3^2 \times \frac{12}{35}+4^2 \times \frac{4}{35}\\&=\frac{44}{7}\end{aligned}$$

$$V(X)=E(X^2)-\{E(X)\}^2=\frac{44}{7}-\left(\frac{16}{7}\right)^2=\frac{52}{49}$$

따라서

$$V(7X)=7^2V(X)=49 \times \frac{52}{49}=52$$

답 52

06 연속확률변수의 확률분포

1 $f(x)$가 확률밀도함수이므로 함수 $y=f(x)$의 그래프와 x축 및 y축으로 둘러싸인 부분의 넓이는 1이다.

$$\frac{a}{3} \times a + \frac{1}{2} \times \left(a - \frac{a}{3}\right) \times a = \frac{1}{3}a^2 + \frac{1}{3}a^2$$
$$= \frac{2}{3}a^2 = 1$$

이므로 $a^2 = \frac{3}{2}$, $a = \frac{\sqrt{6}}{2}$

따라서 $f(x) = \begin{cases} a & \left(0 \leq x < \dfrac{a}{3}\right) \\ -\dfrac{3}{2}x + \dfrac{3}{2}a & \left(\dfrac{a}{3} \leq x \leq a\right) \end{cases}$ 이므로

$$P\left(\frac{a}{3} \leq X \leq \frac{2a}{3}\right) = \frac{1}{2} \times \left(a + \frac{a}{2}\right) \times \left(\frac{2a}{3} - \frac{a}{3}\right)$$
$$= \frac{1}{4}a^2 = \frac{1}{4} \times \frac{3}{2} = \frac{3}{8}$$

$$a^2 + P\left(\frac{a}{3} \leq X \leq \frac{2a}{3}\right) = \frac{3}{2} + \frac{3}{8} = \frac{15}{8}$$

답 ②

2 $a < 3a$에서 $a > 0$이므로 함수 $y=f(x)$의 그래프는 그림과 같다.

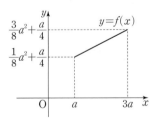

함수 $y=f(x)$의 그래프와 x축 및 두 직선 $x=a$, $x=3a$로 둘러싸인 부분의 넓이는 1이다.

$$\frac{1}{2} \times \{f(a) + f(3a)\} \times (3a - a)$$
$$= \left(\frac{1}{8}a^2 + \frac{a}{4} + \frac{3}{8}a^2 + \frac{a}{4}\right) \times a = \frac{1}{2}a^3 + \frac{1}{2}a^2 = 1$$

$a^3 + a^2 - 2 = 0$에서
$(a-1)(a^2 + 2a + 2) = 0$
방정식 $a^2 + 2a + 2 = 0$의 실근은 없으므로

$a - 1 = 0$, $a = 1$

따라서 $f(x) = \frac{1}{8}x + \frac{1}{4}$ $(1 \leq x \leq 3)$이므로

$$f(2a) = f(2) = \frac{1}{4} + \frac{1}{4} = \frac{1}{2}$$

답 ④

3 정규분포를 따르는 확률변수 X의 평균을 m이라 하고 확률밀도함수를 $f(x)$라 하면
함수 $y=f(x)$의 그래프는 직선 $x=m$에 대하여 대칭이다.
$P(X \leq 7) + P(X \leq 13) = 1$에서

$$P(X \leq 7) = 1 - P(X \leq 13)$$
$$= P(X \geq 13)$$

$$m = \frac{7 + 13}{2} = 10$$

따라서
$$P(X \geq 7) = P(7 \leq X \leq 10) + P(X \geq 10)$$
$$= 0.23 + 0.5$$
$$= 0.73$$

답 ④

4 확률변수 X의 확률밀도함수를 $f(x)$라 하자.

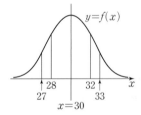

확률변수 X가 정규분포 $N(30, \sigma^2)$을 따르므로 함수 $y=f(x)$의 그래프는 직선 $x=30$에 대하여 대칭이다.
$$P(28 \leq X \leq 32) = P(28 \leq X \leq 30) + P(30 \leq X \leq 32)$$
$$= 2P(30 \leq X \leq 32) = 0.68$$

에서
$$P(30 \leq X \leq 32) = 0.34$$
$$P(27 \leq X \leq 33) = P(27 \leq X \leq 30) + P(30 \leq X \leq 33)$$
$$= 2P(30 \leq X \leq 33) = 0.86$$

에서
$$P(30 \leq X \leq 33) = 0.43$$
따라서
$$P(27 \leq X \leq 28) = P(32 \leq X \leq 33)$$
$$= P(30 \leq X \leq 33) - P(30 \leq X \leq 32)$$
$$= 0.43 - 0.34 = 0.09$$

또한

$$P(X \geq 32) = P(X \geq 30) - P(30 \leq X \leq 32)$$
$$= 0.5 - 0.34 = 0.16$$

이므로

$$P(27 \leq X \leq 28) + P(X \geq 32) = 0.09 + 0.16 = 0.25$$

답 ③

5 확률변수 X의 확률밀도함수의 그래프는 직선 $x = m$에 대하여 대칭이고 $P(X \leq 9) = P(X \geq 13)$이므로

$$m = \frac{9+13}{2} = 11$$

확률변수 X가 정규분포 $N(11, 2^2)$을 따르므로

$Z = \dfrac{X-11}{2}$이라 하면 확률변수 Z는 표준정규분포 $N(0, 1)$을 따른다.

따라서

$$P(m-2 \leq X \leq 2m-8)$$
$$= P(9 \leq X \leq 14)$$
$$= P\left(\frac{9-11}{2} \leq Z \leq \frac{14-11}{2}\right)$$
$$= P(-1 \leq Z \leq 1.5)$$
$$= P(-1 \leq Z \leq 0) + P(0 \leq Z \leq 1.5)$$
$$= P(0 \leq Z \leq 1) + P(0 \leq Z \leq 1.5)$$
$$= 0.3413 + 0.4332 = 0.7745$$

답 ①

6 철근 한 개의 길이를 확률변수 X라 하면 X는 정규분포 $N(400, 5^2)$을 따르고, $Z = \dfrac{X-400}{5}$이라 하면 확률변수 Z는 표준정규분포 $N(0, 1)$을 따른다.

$$P(X \geq a) = P\left(Z \geq \frac{a-400}{5}\right)$$

이때 $P(X \geq a) = 0.9332 > 0.5$이므로 $\dfrac{a-400}{5} < 0$

즉,

$$P\left(Z \geq \frac{a-400}{5}\right)$$
$$= P\left(\frac{a-400}{5} \leq Z \leq 0\right) + P(Z \geq 0)$$
$$= P\left(0 \leq Z \leq \frac{400-a}{5}\right) + 0.5 = 0.9332$$
$$P\left(0 \leq Z \leq \frac{400-a}{5}\right) = 0.9332 - 0.5 = 0.4332$$

이때 $P(0 \leq Z \leq 1.5) = 0.4332$이므로

$$\frac{400-a}{5} = 1.5, \ a = 392.5$$

답 ③

7 한 개의 주사위를 한 번 던져서 3의 배수의 눈이 나올 확률은 $\dfrac{2}{6} = \dfrac{1}{3}$이므로 확률변수 X는 이항분포 $B\left(288, \dfrac{1}{3}\right)$을 따른다.

$$E(X) = 288 \times \frac{1}{3} = 96$$

$$V(X) = 288 \times \frac{1}{3} \times \frac{2}{3} = 64$$

이때 288은 충분히 큰 수이므로 확률변수 X는 근사적으로 정규분포 $N(96, 8^2)$을 따르고, $Z = \dfrac{X-96}{8}$이라 하면 확률변수 Z는 표준정규분포 $N(0, 1)$을 따른다.

따라서

$$P(X \leq 84) = P\left(Z \leq \frac{84-96}{8}\right)$$
$$= P(Z \leq -1.5)$$
$$= P(Z \geq 1.5)$$
$$= P(Z \geq 0) - P(0 \leq Z \leq 1.5)$$
$$= 0.5 - P(0 \leq Z \leq 1.5)$$
$$= 0.5 - 0.4332 = 0.0668$$

답 ②

8 확률변수 X는 이항분포 $B(192, p)$를 따르므로

$$V(X) = 192p(1-p) \quad \cdots\cdots \ \bigcirc$$
$$V(2X) = 2^2 V(X) = 144에서 V(X) = 36 \quad \cdots\cdots \ \bigcirc$$

$\bigcirc$, $\bigcirc$에서

$$192p(1-p) = 36$$
$$16p^2 - 16p + 3 = 0$$
$$(4p-1)(4p-3) = 0$$

이때 $\dfrac{1}{2} < p < 1$이므로 $p = \dfrac{3}{4}$

즉, 확률변수 X가 이항분포 $B\left(192, \dfrac{3}{4}\right)$을 따르므로

$$E(X) = 192 \times \frac{3}{4} = 144$$

$$V(X) = 192 \times \frac{3}{4} \times \frac{1}{4} = 36$$

이때 192는 충분히 큰 수이므로 확률변수 X는 근사적으로 정규분포 $N(144, 6^2)$을 따르고, $Z = \dfrac{X-144}{6}$라 하면 확률변수 Z는 표준정규분포 $N(0, 1)$을 따른다.

따라서

$$P(X \leq 153) = P\left(Z \leq \frac{153-144}{6}\right)$$
$$= P(Z \leq 1.5)$$
$$= P(Z \leq 0) + P(0 \leq Z \leq 1.5)$$
$$= 0.5 + P(0 \leq Z \leq 1.5)$$
$$= 0.5 + 0.4332 = 0.9332$$

답 ④

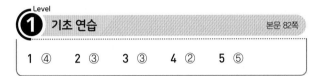

1 ④   **2** ③   **3** ③   **4** ②   **5** ⑤

1 $f(x)$가 확률밀도함수이므로 함수 $y=f(x)$의 그래프와 x축 및 직선 $x=3$으로 둘러싸인 부분의 넓이는 1이다.

즉, $\frac{1}{2} \times 2 \times a + \frac{1}{2} \times 1 \times \left(a + \frac{a}{2}\right) + 2 \times \frac{a}{2} = \frac{11}{4}a = 1$

따라서 $a = \frac{4}{11}$

답 ④

2 정규분포 $N(8, 2^2)$을 따르는 확률변수 X의 확률밀도함수의 그래프는 직선 $x=8$에 대하여 대칭이고,

$P(X \geq a) = P(X \leq 2a-14)$이므로

$\frac{a+(2a-14)}{2} = 8$, $3a - 14 = 16$

따라서 $a = 10$

답 ③

3 확률변수 X가 정규분포 $N(16, 4^2)$을 따르므로

$Z = \frac{X-16}{4}$이라 하면 확률변수 Z는 표준정규분포 $N(0, 1)$을 따른다.

$$P(14 \leq X \leq 24) = P\left(\frac{14-16}{4} \leq Z \leq \frac{24-16}{4}\right)$$
$$= P(-0.5 \leq Z \leq 2) \quad \cdots\cdots \ \text{㉠}$$

확률변수 Y가 정규분포 $N(40, 2^2)$을 따르므로

$Z = \frac{Y-40}{2}$이라 하면 확률변수 Z는 표준정규분포 $N(0, 1)$을 따른다.

$$P(36 \leq Y \leq a) = P\left(\frac{36-40}{2} \leq Z \leq \frac{a-40}{2}\right)$$
$$= P\left(-2 \leq Z \leq \frac{a-40}{2}\right) \quad \cdots\cdots \ \text{㉡}$$

$P(14 \leq X \leq 24) = P(36 \leq Y \leq a)$이므로

㉠, ㉡에서

$$P(-0.5 \leq Z \leq 2) = P(-2 \leq Z \leq 0.5)$$
$$= P\left(-2 \leq Z \leq \frac{a-40}{2}\right)$$

따라서 $\frac{a-40}{2} = 0.5$이므로

$a = 41$

답 ③

4 이 공장에서 생산하는 야구공 한 개의 무게를 확률변수 X라 하면 X는 정규분포 $N(142, 3^2)$을 따르고

$Z = \frac{X-142}{3}$라 하면 확률변수 Z는 표준정규분포 $N(0, 1)$을 따른다.

따라서 구하는 확률은

$$P(136 \leq X \leq 139)$$
$$= P\left(\frac{136-142}{3} \leq Z \leq \frac{139-142}{3}\right)$$
$$= P(-2 \leq Z \leq -1)$$
$$= P(1 \leq Z \leq 2)$$
$$= P(0 \leq Z \leq 2) - P(0 \leq Z \leq 1)$$
$$= 0.4772 - 0.3413$$
$$= 0.1359$$

답 ②

5 이산확률변수 X의 확률질량함수가

$P(X=x) = {}_{150}C_x \, p^x (1-p)^{150-x}$ ($x=0, 1, 2, \cdots, 150$)

이므로 확률변수 X는 이항분포 $B(150, p)$를 따른다.

$E(X) = 90$에서 $150p = 90$, $p = \frac{3}{5}$

$V(X) = 150 \times \frac{3}{5} \times \frac{2}{5} = 36$

이때 150은 충분히 큰 수이므로 확률변수 X는 근사적으로 정규분포 $N(90, 6^2)$을 따르고,

$Z = \frac{X-90}{6}$이라 하면 확률변수 Z는 표준정규분포 $N(0, 1)$을 따른다.

$$P(84 \le X \le 105) = P\left(\frac{84-90}{6} \le Z \le \frac{105-90}{6}\right)$$
$$= P(-1 \le Z \le 2.5)$$
$$= P(-1 \le Z \le 0) + P(0 \le Z \le 2.5)$$
$$= P(0 \le Z \le 1) + P(0 \le Z \le 2.5)$$
$$= 0.3413 + 0.4938$$
$$= 0.8351$$

답 ⑤

② Level 기본 연습
본문 83~84쪽

1 ①	2 ④	3 ②	4 54	5 ⑤
6 ①	7 ③	8 ①		

1

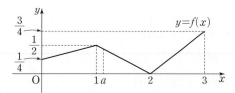

$$P(X \le 1) = \frac{1}{2} \times \left(\frac{1}{4} + \frac{1}{2}\right) \times 1 = \frac{3}{8}$$

$3P(X \le 1) = 2P(X \ge a)$에서

$$P(X \ge a) = P(a \le X \le 3)$$
$$= \frac{3}{2}P(X \le 1)$$
$$= \frac{3}{2} \times \frac{3}{8} = \frac{9}{16}$$

이때 $P(2 \le X \le 3) = \frac{1}{2} \times 1 \times \frac{3}{4} = \frac{3}{8}$이고

$P(1 \le X \le 3) = \frac{1}{2} \times 1 \times \frac{1}{2} + \frac{3}{8} = \frac{5}{8}$이므로

$1 < a < 2$이어야 한다.

한편, $1 \le x \le 2$에서 $f(x) = -\frac{1}{2}x + 1$이므로

$$P(X \ge a) = P(a \le X \le 2) + P(2 \le X \le 3)$$
$$= \frac{1}{2} \times (2-a) \times f(a) + \frac{3}{8} = \frac{9}{16}$$

$(2-a)\left(-\frac{a}{2}+1\right) = \frac{3}{8}$, $(2-a)^2 = \frac{3}{4}$에서

$a = 2 - \frac{\sqrt{3}}{2}$ 또는 $a = 2 + \frac{\sqrt{3}}{2}$

$1 < a < 2$이므로

$$a = 2 - \frac{\sqrt{3}}{2} = \frac{4-\sqrt{3}}{2}$$

답 ①

2 $0 \le x \le 6$일 때, $f(x) = f(6-x)$, 즉
$f(3+x) = f(3-x)$에서 함수 $y = f(x)$의 그래프는 직선
$x = 3$에 대하여 대칭이다.

함수 $y = f(x)$의 그래프와 x축, y축 및 직선 $x = 6$으로 둘러싸인 부분의 넓이가 1이므로

$$P(0 \le X \le 2) + P(2 \le X \le 4) + P(4 \le X \le 6) = 1$$

이때 $P(0 \le X \le 2) = P(4 \le X \le 6)$이므로

$$2P(4 \le X \le 6) + \frac{5}{8} = 1$$

$$P(4 \le X \le 6) = \frac{3}{16}$$

$$P\left(2 \le X \le \frac{5}{2}\right) = P(2 \le X \le 4) - P\left(\frac{5}{2} \le X \le 4\right)$$
$$= \frac{5}{8} - \frac{1}{2} = \frac{1}{8}$$

이므로

$$P\left(\frac{7}{2} \le X \le 4\right) = P\left(2 \le X \le \frac{5}{2}\right) = \frac{1}{8}$$

따라서

$$P\left(\frac{7}{2} \le X \le 6\right) = P\left(\frac{7}{2} \le X \le 4\right) + P(4 \le X \le 6)$$
$$= \frac{1}{8} + \frac{3}{16} = \frac{5}{16}$$

답 ④

다른 풀이

$0 \le x \le 6$일 때, $f(x) = f(6-x)$, 즉
$f(3+x) = f(3-x)$이므로 함수 $y = f(x)$의 그래프는 직선
$x = 3$에 대하여 대칭이다.

함수 $y = f(x)$의 그래프와 x축, y축 및 직선 $x = 6$으로 둘러싸인 부분의 넓이가 1이므로

$P(0 \le X \le 6) = P(0 \le X \le 3) + P(3 \le X \le 6) = 1$에서

$$P(3 \le X \le 6) = P(0 \le X \le 3) = \frac{1}{2}$$

$P(2 \le X \le 4) = P(2 \le X \le 3) + P(3 \le X \le 4) = \frac{5}{8}$이므로

$$P(3 \le X \le 4) = P(2 \le X \le 3) = \frac{5}{16}$$

$$P\left(\frac{5}{2} \le X \le 4\right) = \frac{1}{2}$$에서

$$P\left(\frac{5}{2}\leq X\leq3\right)=P\left(\frac{5}{2}\leq X\leq4\right)-P(3\leq X\leq4)$$
$$=\frac{1}{2}-\frac{5}{16}=\frac{3}{16}$$

이므로
$$P\left(3\leq X\leq\frac{7}{2}\right)=P\left(\frac{5}{2}\leq X\leq3\right)=\frac{3}{16}$$

따라서
$$P\left(\frac{7}{2}\leq X\leq6\right)=P(3\leq X\leq6)-P\left(3\leq X\leq\frac{7}{2}\right)$$
$$=\frac{1}{2}-\frac{3}{16}=\frac{5}{16}$$

3 확률변수 X의 확률밀도함수를 $f(x)$라 하면 함수 $y=f(x)$의 그래프는 직선 $x=17$에 대하여 대칭이고 $P(13\leq X\leq15)$의 값은 함수 $y=f(x)$의 그래프와 x축 및 두 직선 $x=13$, $x=15$로 둘러싸인 부분의 넓이와 같다.

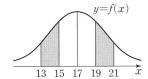

따라서
$$P(13\leq X\leq15)=P(17-4\leq X\leq17-2)$$
$$=P(17+2\leq X\leq17+4)$$
$$=P(19\leq X\leq21)$$
$$P(13\leq X\leq15)\leq P(17+a\leq X\leq19+a) \quad\cdots\cdots\ \text{㉠}$$
에서
$$15-13=(19+a)-(17+a)$$
이므로 ㉠이 성립하려면
$13\leq17+a\leq19$, 즉 $-4\leq a\leq2$
이어야 한다.
따라서 구하는 실수 a의 최댓값은 2, 최솟값은 -4이므로 그 곱은
$$2\times(-4)=-8$$

답 ②

4 확률변수 X는 정규분포 $N\left(4,\left(\frac{1}{4}\right)^2\right)$을 따르므로 $Z=\dfrac{X-4}{\frac{1}{4}}$라 하면 확률변수 Z는 표준정규분포

$N(0,1)$을 따르고, 확률변수 Y는 정규분포 $N\left(8,\left(\frac{1}{2}\right)^2\right)$을 따르므로 $Z=\dfrac{Y-8}{\frac{1}{2}}$이라 하면 확률변수 Z는 표준정규분포 $N(0,1)$을 따른다.
$P(4\leq X\leq a)+P(Y\geq b)=\dfrac{1}{2}$에서
$$P\left(0\leq Z\leq\frac{a-4}{\frac{1}{4}}\right)+P\left(Z\geq\frac{b-8}{\frac{1}{2}}\right)=\frac{1}{2}$$
$$P(0\leq Z\leq4a-16)=\frac{1}{2}-P(Z\geq2b-16)$$
이때 $P(Z\geq2b-16)\leq\dfrac{1}{2}$이므로 $2b-16\geq0$
$$P(0\leq Z\leq4a-16)=P(Z\geq0)-P(Z\geq2b-16)$$
$$=P(0\leq Z\leq2b-16)$$
에서
$4a-16=2b-16$, $b=2a$
$ab=\dfrac{81}{2}$에서 $ab=2a^2=\dfrac{81}{2}$
$a>0$이므로 $a=\dfrac{9}{2}$, $b=9$
따라서 $10a+b=10\times\dfrac{9}{2}+9=54$

답 54

5 확률변수 X가 정규분포 $N(10,\sigma^2)$을 따르므로 $Z=\dfrac{X-10}{\sigma}$이라 하면 확률변수 Z는 표준정규분포 $N(0,1)$을 따른다.
$P(X\leq8)=0.0668$이므로
$$P(X\leq8)=P\left(Z\leq\frac{8-10}{\sigma}\right)$$
$$=P\left(Z\geq\frac{2}{\sigma}\right)$$
$$=P(Z\geq0)-P\left(0\leq Z\leq\frac{2}{\sigma}\right)$$
$$=0.5-P\left(0\leq Z\leq\frac{2}{\sigma}\right)=0.0668$$
에서
$$P\left(0\leq Z\leq\frac{2}{\sigma}\right)=0.5-0.0668=0.4332$$
이때 $P(0\leq Z\leq1.5)=0.4332$이므로
$$\frac{2}{\sigma}=1.5,\ \sigma=\frac{4}{3}$$

따라서

$$P(X \leq 9\sigma) = P\left(X \leq 9 \times \frac{4}{3}\right) = P(X \leq 12)$$

$$= P\left(Z \leq \frac{12-10}{\frac{4}{3}}\right)$$

$$= P(Z \leq 1.5)$$

$$= P(Z \leq 0) + P(0 \leq Z \leq 1.5)$$

$$= 0.5 + 0.4332$$

$$= 0.9332$$

답 ⑤

6 조건 (가)에 의하여 확률변수 X의 평균은 20이고, 조건 (나)에 의하여 확률변수 Y의 평균은 $20-k$이다.

또한 조건 (나)에 의하여 두 확률변수 X, Y의 표준편차는 같으므로 표준편차를 σ라 하자.

확률변수 X는 정규분포 $N(20, \sigma^2)$을 따르므로

$Z = \dfrac{X-20}{\sigma}$이라 하면 확률변수 Z는 표준정규분포 $N(0, 1)$을 따른다.

$P(16 \leq X \leq 24) = 0.6826$에서

$$P(16 \leq X \leq 24) = P\left(\frac{16-20}{\sigma} \leq Z \leq \frac{24-20}{\sigma}\right)$$

$$= P\left(-\frac{4}{\sigma} \leq Z \leq \frac{4}{\sigma}\right)$$

$$= 2P\left(0 \leq Z \leq \frac{4}{\sigma}\right) = 0.6826$$

$$P\left(0 \leq Z \leq \frac{4}{\sigma}\right) = 0.3413$$

이때 $P(0 \leq Z \leq 1) = 0.3413$이므로

$\dfrac{4}{\sigma} = 1$, $\sigma = 4$

한편, 확률변수 Y는 정규분포 $N(20-k, 4^2)$을 따르므로

$Z = \dfrac{Y-(20-k)}{4}$라 하면 확률변수 Z는 표준정규분포 $N(0, 1)$을 따른다.

$P(Y \geq 31) = 0.0228$에서

$$P(Y \geq 31) = P\left(Z \geq \frac{31-(20-k)}{4}\right)$$

$$= P\left(Z \geq \frac{11+k}{4}\right)$$

$P(Y \geq 31) = 0.0228 < 0.5$에서 $\dfrac{11+k}{4} > 0$이므로

$$P\left(Z \geq \frac{11+k}{4}\right) = P(Z \geq 0) - P\left(0 \leq Z \leq \frac{11+k}{4}\right)$$

$$= 0.5 - P\left(0 \leq Z \leq \frac{11+k}{4}\right) = 0.0228$$

$$P\left(0 \leq Z \leq \frac{11+k}{4}\right) = 0.5 - 0.0228 = 0.4772$$

이때 $P(0 \leq Z \leq 2) = 0.4772$이므로

$\dfrac{11+k}{4} = 2$, $k = -3$

답 ①

7 공장에서 생산한 나사못 1개의 길이를 확률변수 X라 하면 X는 정규분포 $N(16, 0.02^2)$을 따르고,

$Z = \dfrac{X-16}{0.02}$이라 하면 확률변수 Z는 표준정규분포 $N(0, 1)$을 따른다.

나사못 1개의 길이가 15.98 이상 a 이하일 때 시판용으로 분류되고 시판용이 아닌 나사못으로 분류될 확률이 0.2255 이므로 시판용으로 분류될 확률은

$1 - 0.2255 = 0.7745$

즉, $P(15.98 \leq X \leq a) = 0.7745$

$$P(15.98 \leq X \leq a) = P\left(\frac{15.98-16}{0.02} \leq Z \leq \frac{a-16}{0.02}\right)$$

$$= P\left(-1 \leq Z \leq \frac{a-16}{0.02}\right)$$

$P(15.98 \leq X \leq a) = 0.7745 > 0.5$이므로 $\dfrac{a-16}{0.02} > 0$

$$P\left(-1 \leq Z \leq \frac{a-16}{0.02}\right)$$

$$= P(-1 \leq Z \leq 0) + P\left(0 \leq Z \leq \frac{a-16}{0.02}\right)$$

$$= P(0 \leq Z \leq 1) + P\left(0 \leq Z \leq \frac{a-16}{0.02}\right)$$

$$= 0.3413 + P\left(0 \leq Z \leq \frac{a-16}{0.02}\right) = 0.7745$$

$$P\left(0 \leq Z \leq \frac{a-16}{0.02}\right) = 0.7745 - 0.3413 = 0.4332$$

이때 $P(0 \leq Z \leq 1.5) = 0.4332$이므로

$\dfrac{a-16}{0.02} = 1.5$

따라서 $a = 16.03$

답 ③

8 한 개의 주사위를 던져서 나온 눈의 수가 6의 약수일 확률은 $\dfrac{4}{6} = \dfrac{2}{3}$이므로 주사위를 72번 던져서 나온 눈의 수가 6의 약수인 횟수를 확률변수 X라 하면 X는 이항분포 $B\left(72, \dfrac{2}{3}\right)$를 따른다.

$E(X)=72\times\dfrac{2}{3}=48$

$V(X)=72\times\dfrac{2}{3}\times\dfrac{1}{3}=16$

이때 72는 충분히 큰 수이므로 확률변수 X는 근사적으로 정규분포 $N(48,\ 4^2)$을 따르고, $Z=\dfrac{X-48}{4}$이라 하면 확률변수 Z는 표준정규분포 $N(0,\ 1)$을 따른다.

게임을 72번 반복하여 얻은 모든 점수의 합을 확률변수 Y라 하면

$Y=1\times X+3\times(72-X)=-2X+216$

따라서 구하는 확률은

$\begin{aligned}P(Y\le104)&=P(-2X+216\le104)\\&=P(X\ge56)\\&=P\left(Z\ge\dfrac{56-48}{4}\right)\\&=P(Z\ge2)\\&=P(Z\ge0)-P(0\le Z\le2)\\&=0.5-0.4772\\&=0.0228\end{aligned}$

답 ①

3 실력 완성

본문 85쪽

1 ② 2 ① 3 ④

1 $P(X\le1)+P(X\ge1)=1$이고

$P(X\ge1)-P(X\le1)=\dfrac{1}{4}$이므로

$2P(X\le1)=1-\dfrac{1}{4}=\dfrac{3}{4}$

즉, $P(X\le1)=\dfrac{3}{8}$ …… ㉠

$P(X\le1)=\dfrac{1}{2}\times1\times c=\dfrac{c}{2}$

㉠에서 $\dfrac{c}{2}=\dfrac{3}{8}$, $c=\dfrac{3}{4}$

$\begin{aligned}P(X\ge b)&=\dfrac{1}{2}\times(a-b)\times c\\&=\dfrac{1}{2}\times(a-b)\times\dfrac{3}{4}=\dfrac{3}{8}(a-b)\end{aligned}$

$P\left(X\ge\dfrac{a+b}{2}\right)=\dfrac{1}{16}$

이때 $P(X\ge b)$의 값은 함수 $y=f(x)$의 그래프와 x축 및 직선 $x=b$로 둘러싸인 도형 중 삼각형의 넓이이고

$P\left(X\ge\dfrac{a+b}{2}\right)$의 값은 함수 $y=f(x)$의 그래프와 x축 및 직선 $x=\dfrac{a+b}{2}$로 둘러싸인 도형 중 삼각형의 넓이이다.

따라서 삼각형의 닮음비를 이용하면

$P(X\ge b):P\left(X\ge\dfrac{a+b}{2}\right)=(a-b)^2:\left(a-\dfrac{a+b}{2}\right)^2$

이므로

$\dfrac{3}{8}(a-b):\dfrac{1}{16}=(a-b)^2:\left(\dfrac{a-b}{2}\right)^2$

$3(a-b):\dfrac{1}{2}=1:\dfrac{1}{4}$

즉, $a-b=\dfrac{2}{3}$ …… ㉡

함수 $y=f(x)$의 그래프와 x축으로 둘러싸인 부분의 넓이가 1이므로

$\dfrac{1}{2}\times\{a+(b-1)\}\times\dfrac{3}{4}=1$

$a+b-1=\dfrac{8}{3}$, $a+b=\dfrac{11}{3}$ …… ㉢

㉡, ㉢을 연립하여 풀면

$a=\dfrac{13}{6}$, $b=\dfrac{3}{2}$

따라서

$a(b-c)=\dfrac{13}{6}\times\left(\dfrac{3}{2}-\dfrac{3}{4}\right)=\dfrac{13}{8}$

답 ②

2

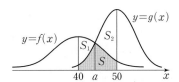

$40<x<50$에서 두 곡선 $y=f(x)$, $y=g(x)$가 만나는 점의 x좌표를 a라 하자.

곡선 $y=g(x)$와 x축 및 두 직선 $x=40$, $x=a$로 둘러싸인 부분의 넓이와 곡선 $y=f(x)$와 x축 및 두 직선 $x=a$, $x=50$으로 둘러싸인 부분의 넓이의 합을 S라 하면

$S_1=P(40\le X\le50)-S$

$S_2=P(40\le Y\le50)-S$

$\begin{aligned}S_2-S_1&=P(40\le Y\le50)-P(40\le X\le50)\\&=0.1359\end{aligned}$

확률변수 X는 정규분포 $N(40, 10^2)$을 따르므로

$Z=\dfrac{X-40}{10}$이라 하면 확률변수 Z는 표준정규분포

$N(0, 1)$을 따르고, 확률변수 Y는 정규분포 $N(50, \sigma^2)$을

따르므로 $Z=\dfrac{Y-50}{\sigma}$이라 하면 확률변수 Z는 표준정규분

포 $N(0, 1)$을 따른다.

$P(40 \le Y \le 50) = P\left(\dfrac{40-50}{\sigma} \le Z \le \dfrac{50-50}{\sigma}\right)$

$= P\left(-\dfrac{10}{\sigma} \le Z \le 0\right)$

$= P\left(0 \le Z \le \dfrac{10}{\sigma}\right)$

$P(40 \le X \le 50) = P\left(\dfrac{40-40}{10} \le Z \le \dfrac{50-40}{10}\right)$

$= P(0 \le Z \le 1)$

따라서

$S_2 - S_1 = P\left(0 \le Z \le \dfrac{10}{\sigma}\right) - P(0 \le Z \le 1)$

$= P\left(0 \le Z \le \dfrac{10}{\sigma}\right) - 0.3413 = 0.1359$

이므로

$P\left(0 \le Z \le \dfrac{10}{\sigma}\right) = 0.1359 + 0.3413 = 0.4772$

이때 $P(0 \le Z \le 2) = 0.4772$이므로

$\dfrac{10}{\sigma} = 2$, $\sigma = 5$

답 ①

3 확률변수 X는 정규분포 $N\left(t^2, \left(\dfrac{1}{t}\right)^2\right)$을 따르므로

$Z=\dfrac{X-t^2}{\frac{1}{t}}$이라 하면 확률변수 Z는 표준정규분포 $N(0, 1)$

을 따른다.

$f(t) = P(X \le 3) = P\left(Z \le \dfrac{3-t^2}{\frac{1}{t}}\right)$

$= P(Z \le 3t - t^3)$

$g(t) = 3t - t^3$이라 하자.

함수 $f(t)$가 최댓값을 갖기 위해서는 $g(t) = 3t - t^3\ (t>0)$

이 최댓값을 가져야 한다.

$g'(t) = 3 - 3t^2 = 3(1+t)(1-t)$

$g'(t) = 0$에서 $t=-1$ 또는 $t=1$

$t>0$에서 함수 $g(t)$의 증가와 감소를 표로 나타내면 다음과

같다.

t	(0)	$\cdots$	1	$\cdots$
$g'(t)$		$+$	0	$-$
$g(t)$		↗	극대	↘

$t=1$에서 함수 $g(t)$는 극대이면서 최대이고 최댓값은

$g(1) = 3 \times 1 - 1^3 = 2$이다.

따라서 함수 $f(t)$는 $t=1$에서 최대이고 최댓값은

$f(1) = P(X \le 3)$

$= P(Z \le 2)$

$= P(Z \le 0) + P(0 \le Z \le 2)$

$= 0.5 + 0.4772$

$= 0.9772$

답 ④

07 통계적 추정

1 이 모집단에서 임의추출한 크기가 2인 표본을 $(X_1,\ X_2)$라 하면

$$\overline{X}=\frac{X_1+X_2}{2}=2$$

인 경우는 $(1,\ 3),\ (2,\ 2),\ (3,\ 1)$일 때이므로

$$P(\overline{X}=2)=\frac{1}{8}\times\frac{3}{8}+\frac{1}{4}\times\frac{1}{4}+\frac{3}{8}\times\frac{1}{8}$$

$$=\frac{3+4+3}{64}$$

$$=\frac{5}{32}$$

답 ④

2 $E(X)=1\times\frac{2}{5}+3\times\frac{1}{2}+5\times\frac{1}{10}=\frac{12}{5}$

$E(X^2)=1^2\times\frac{2}{5}+3^2\times\frac{1}{2}+5^2\times\frac{1}{10}=\frac{37}{5}$

$V(X)=E(X^2)-\{E(X)\}^2$

$$=\frac{37}{5}-\left(\frac{12}{5}\right)^2$$

$$=\frac{41}{25}$$

따라서 크기가 4인 표본의 표본평균 $\overline{X}$에 대하여

$$V(\overline{X})=\frac{V(X)}{4}$$

$$=\frac{1}{4}\times\frac{41}{25}$$

$$=\frac{41}{100}$$

답 ②

3 주머니에서 임의로 한 장의 카드를 꺼내어 확인한 카드에 적힌 수를 확률변수 X라 하자. 확률변수 X의 확률분포를 표로 나타내면 다음과 같다.

X	1	2	3	합계
$P(X=x)$	$\frac{1}{2}$	$\frac{1}{3}$	$\frac{1}{6}$	1

$E(X)=1\times\frac{1}{2}+2\times\frac{1}{3}+3\times\frac{1}{6}=\frac{5}{3}$

$E(X^2)=1^2\times\frac{1}{2}+2^2\times\frac{1}{3}+3^2\times\frac{1}{6}=\frac{10}{3}$

$V(X)=E(X^2)-\{E(X)\}^2$

$$=\frac{10}{3}-\left(\frac{5}{3}\right)^2=\frac{5}{9}$$

$$\sigma(X)=\sqrt{\frac{5}{9}}=\frac{\sqrt{5}}{3}$$

따라서 크기가 10인 표본의 표본평균 $\overline{X}$에 대하여

$$\sigma(\overline{X})=\frac{\sigma(X)}{\sqrt{10}}$$

$$=\frac{1}{\sqrt{10}}\times\frac{\sqrt{5}}{3}$$

$$=\frac{\sqrt{2}}{6}$$

답 ①

4 음료 한 캔의 용량을 확률변수 X라 하면 X는 정규분포 $N(190,\ 12^2)$을 따른다.

이때 크기가 4인 표본의 표본평균을 $\overline{X}$라 하면

$E(\overline{X})=E(X)=190$

$V(\overline{X})=\frac{V(X)}{4}=\frac{12^2}{4}=6^2$

이므로 확률변수 $\overline{X}$는 정규분포 $N(190,\ 6^2)$을 따르고,

$Z=\dfrac{\overline{X}-190}{6}$이라 하면 확률변수 Z는 표준정규분포 $N(0,\ 1)$을 따른다.

따라서 구하는 확률은

$P(\overline{X}\le187)=P\left(Z\le\frac{187-190}{6}\right)$

$$=P(Z\le-0.5)$$

$$=P(Z\ge0.5)$$

$$=0.5-P(0\le Z\le0.5)$$

$$=0.5-0.1915$$

$$=0.3085$$

답 ⑤

5 확률변수 X가 정규분포 $N(m,\ \sigma^2)$을 따르고, 표본의 크기가 36이므로

$E(\overline{X})=E(X)=m$

$V(\overline{X})=\dfrac{V(X)}{36}=\left(\dfrac{\sigma}{6}\right)^2$

즉, 확률변수 $\overline{X}$는 정규분포 $\mathrm{N}\left(m, \left(\dfrac{\sigma}{6}\right)^2\right)$을 따른다.

$$\mathrm{P}\left(\overline{X}\leq\frac{\sigma}{2}\right)=\mathrm{P}\left(Z\leq\frac{\frac{\sigma}{2}-m}{\frac{\sigma}{6}}\right)=0.5$$

에서 $\dfrac{\sigma}{2}-m=0$이므로

$$m=\frac{\sigma}{2}$$

확률변수 X가 정규분포 $\mathrm{N}\left(\dfrac{\sigma}{2}, \sigma^2\right)$을 따르므로

$$\mathrm{P}(X\geq4)=\mathrm{P}\left(Z\geq\frac{4-\frac{\sigma}{2}}{\sigma}\right)$$

$$=\mathrm{P}\left(Z\geq\frac{4}{\sigma}-\frac{1}{2}\right)$$

$\mathrm{P}(X\geq4)<0.5$이므로 $\dfrac{4}{\sigma}-\dfrac{1}{2}>0$

$\mathrm{P}(X\geq4)=0.5-\mathrm{P}\left(0\leq Z\leq\dfrac{4}{\sigma}-\dfrac{1}{2}\right)=0.1587$이므로

$$\mathrm{P}\left(0\leq Z\leq\frac{4}{\sigma}-\frac{1}{2}\right)=0.5-0.1587=0.3413$$

$\dfrac{4}{\sigma}-\dfrac{1}{2}=1$이므로

$$\sigma=\frac{8}{3}$$

따라서 $m=\dfrac{4}{3}$이므로

$$m+\sigma=4$$

답 ③

6 크기가 36인 표본으로부터 구한 표본평균의 값을 $\overline{x}$라 하면 모평균 m에 대한 신뢰도 99 %의 신뢰구간은

$$\overline{x}-2.58\times\frac{\sigma}{\sqrt{36}}\leq m\leq \overline{x}+2.58\times\frac{\sigma}{\sqrt{36}}$$

이므로

$\overline{x}-0.43\sigma\leq m\leq \overline{x}+0.43\sigma$

$\overline{x}-0.43\sigma=364.2$, $\overline{x}+0.43\sigma=368.5$

$0.86\sigma=4.3$

따라서 $\sigma=5$

답 ③

7 크기가 n인 표본으로부터 구한 표본평균의 값을 $\overline{x}$라 하면 모평균 m에 대한 신뢰도 95 %의 신뢰구간은

$$\overline{x}-1.96\times\frac{16}{\sqrt{n}}\leq m\leq \overline{x}+1.96\times\frac{16}{\sqrt{n}}$$

이므로

$$a=\overline{x}-1.96\times\frac{16}{\sqrt{n}},\ b=\overline{x}+1.96\times\frac{16}{\sqrt{n}}$$

$$b-a=2\times1.96\times\frac{16}{\sqrt{n}}=7.84$$이므로

$\sqrt{n}=8$

따라서 $n=64$

답 64

Level 1 기초 연습
본문 96~97쪽

1 ④	2 ②	3 ③	4 ②	5 90
6 ③	7 ⑤	8 ①		

1 확률변수 X가 갖는 모든 값에 대한 확률의 합은 1이므로

$a+\dfrac{1}{2}+\dfrac{1}{6}=1$, $a=\dfrac{1}{3}$

모집단에서 임의추출한 크기가 3인 표본을 (X_1, X_2, X_3)이라 하면 $\overline{X}=9a$, 즉 $\overline{X}=3$인 경우는

$(1, 1, 7)$, $(1, 7, 1)$, $(7, 1, 1)$, $(3, 3, 3)$일 때이므로

$$\mathrm{P}(\overline{X}=3)=3\times\frac{1}{3}\times\frac{1}{3}\times\frac{1}{6}+\frac{1}{2}\times\frac{1}{2}\times\frac{1}{2}$$

$$=\frac{1}{18}+\frac{1}{8}=\frac{13}{72}$$

답 ④

2 $\mathrm{E}(X)=3$, $\mathrm{E}(X^2)=25$이므로

$$\mathrm{V}(X)=\mathrm{E}(X^2)-\{\mathrm{E}(X)\}^2$$

$$=25-3^2=16$$

$$\mathrm{V}(\overline{X})=\frac{\mathrm{V}(X)}{32}=\frac{16}{32}=\frac{1}{2}$$

따라서 $\sigma(\overline{X})=\sqrt{\mathrm{V}(\overline{X})}=\dfrac{\sqrt{2}}{2}$

답 ②

3 $\mathrm{E}(X)=\mathrm{E}(\overline{X})=5$이므로

$$a\times\frac{1}{4}+4\times\frac{3}{8}+8\times\frac{3}{8}=\frac{a}{4}+\frac{9}{2}=5$$

$a=2$

$$V(X)=E(X^2)-\{E(X)\}^2$$
$$=2^2\times\frac{1}{4}+4^2\times\frac{3}{8}+8^2\times\frac{3}{8}-5^2$$
$$=6$$
$$V(\overline{X})=\frac{V(X)}{8}=\frac{3}{4}$$

따라서
$$V(a\overline{X}+3)=V(2\overline{X}+3)$$
$$=2^2\times V(\overline{X})$$
$$=2^2\times\frac{3}{4}=3$$

답 ③

4 정규분포 $N(8, 3^2)$을 따르는 모집단의 확률변수를 X라 하면
$$E(\overline{X})=E(X)=8$$
$$V(\overline{X})=\frac{3^2}{25}=\left(\frac{3}{5}\right)^2$$

이므로 확률변수 $\overline{X}$는 정규분포 $N\left(8, \left(\frac{3}{5}\right)^2\right)$을 따르고,

$Z=\dfrac{\overline{X}-8}{\dfrac{3}{5}}$이라 하면 확률변수 Z는 표준정규분포 $N(0, 1)$

을 따른다.
$P(8-a\leq\overline{X}\leq8+a)=0.9876$에서

$$P(8-a\leq\overline{X}\leq8+a)=P\left(\frac{-a}{\frac{3}{5}}\leq Z\leq\frac{a}{\frac{3}{5}}\right)$$
$$=P\left(-\frac{5}{3}a\leq Z\leq\frac{5}{3}a\right)$$
$$=2P\left(0\leq Z\leq\frac{5}{3}a\right)=0.9876$$

즉, $P\left(0\leq Z\leq\frac{5}{3}a\right)=0.4938$

이때 $P(0\leq Z\leq2.5)=0.4938$이므로

$\frac{5}{3}a=\frac{5}{2}$, $a=\frac{3}{2}$

답 ②

5 모집단의 확률변수 X가 정규분포 $N(m, 12^2)$을 따르므로

$Z=\dfrac{X-m}{12}$이라 하면 확률변수 Z는 표준정규분포 $N(0, 1)$

을 따른다.
$$P(X\leq86)=P\left(Z\leq\frac{86-m}{12}\right)$$
$$=P\left(Z\geq\frac{m-86}{12}\right)\quad\cdots\cdots\ \text{㉠}$$

이 모집단에서 크기가 16인 표본을 임의추출하여 얻은 표본평균 $\overline{X}$에 대하여
$$E(\overline{X})=E(X)=m$$
$$\sigma(\overline{X})=\frac{\sigma(X)}{\sqrt{16}}=\frac{12}{4}=3$$

확률변수 $\overline{X}$는 정규분포 $N(m, 3^2)$을 따르므로

$Z=\dfrac{\overline{X}-m}{3}$이라 하면 확률변수 Z는 표준정규분포

$N(0, 1)$을 따른다.

$$P(\overline{X}\geq91)=P\left(Z\geq\frac{91-m}{3}\right)\quad\cdots\cdots\ \text{㉡}$$

한편, $P(X\leq86)=P(\overline{X}\geq91)$이므로

㉠, ㉡에서

$$P\left(Z\geq\frac{m-86}{12}\right)=P\left(Z\geq\frac{91-m}{3}\right)$$

따라서

$$\frac{m-86}{12}=\frac{91-m}{3}$$

$$5m=450$$

이므로 $m=90$

답 90

6 정규분포 $N(14, 2^2)$을 따르는 모집단의 확률변수를 X라 하면
$$E(\overline{X})=E(X)=14$$
$$V(\overline{X})=\frac{V(X)}{4}=\frac{2^2}{4}=1$$

즉, 표본평균 $\overline{X}$는 정규분포 $N(14, 1^2)$을 따르므로

$Z=\dfrac{\overline{X}-14}{1}=\overline{X}-14$라 하면 확률변수 Z는 표준정규분포

$N(0, 1)$을 따른다.

정규분포 $N(8, 6^2)$을 따르는 모집단의 확률변수를 Y라 하면
$$E(\overline{Y})=E(Y)=8$$
$$V(\overline{Y})=\frac{V(Y)}{9}=\frac{6^2}{9}=2^2$$

즉, 표본평균 $\overline{Y}$는 정규분포 $N(8, 2^2)$을 따르므로

$Z=\dfrac{\overline{Y}-8}{2}$이라 하면 확률변수 Z는 표준정규분포 $N(0, 1)$

을 따른다.
$$P(\overline{X}\leq15)=P(Z\leq15-14)=P(Z\leq1)$$
$$P(\overline{Y}\geq10)=P\left(Z\geq\frac{10-8}{2}\right)=P(Z\geq1)$$

따라서
$$P(\overline{X}\leq15)+P(\overline{Y}\geq10)=P(Z\leq1)+P(Z\geq1)$$
$$=1$$

답 ③

7 이 지역 성인 1명의 휴일 여가 시간을 확률변수 X라 하면 X는 정규분포 $N(334,\ 24^2)$을 따른다. 이 지역 성인 중 임의추출한 64명의 휴일 여가 시간의 평균을 $\overline{X}$라 하면
$$E(\overline{X})=E(X)=334$$
$$\sigma(\overline{X})=\frac{24}{\sqrt{64}}=\frac{24}{8}=3$$
이므로 확률변수 $\overline{X}$는 정규분포 $N(334,\ 3^2)$을 따른다.
이때 $Z=\dfrac{\overline{X}-334}{3}$라 하면 확률변수 Z는 표준정규분포 $N(0,\ 1)$을 따르므로 임의추출한 64명의 휴일 여가 시간의 평균이 331분 이하일 확률은
$$P(\overline{X}\leq331)=P\left(Z\leq\frac{331-334}{3}\right)$$
$$=P(Z\leq-1)$$
$$=P(Z\geq1)$$
$$=P(Z\geq0)-P(0\leq Z\leq1)$$
$$=0.5-0.3413$$
$$=0.1587$$

답 ⑤

8 모표준편차가 σ인 정규분포를 따르는 모집단에서 임의추출한 크기가 100인 표본의 표본평균이 14.36이므로 모평균 m에 대한 신뢰도 95 %의 신뢰구간은
$$14.36-1.96\times\frac{\sigma}{\sqrt{100}}\leq m\leq14.36+1.96\times\frac{\sigma}{\sqrt{100}}$$
$$14.36-1.96\times\frac{\sigma}{10}\leq m\leq14.36+1.96\times\frac{\sigma}{10}$$
이때 $a\leq m\leq15.34$이므로
$$a=14.36-1.96\times\frac{\sigma}{10},\ 15.34=14.36+1.96\times\frac{\sigma}{10}$$
$1.96\times\dfrac{\sigma}{10}=0.98$에서 $\sigma=5$
$$a=14.36-1.96\times\frac{5}{10}=13.38$$
따라서 $a+\sigma=13.38+5=18.38$

답 ①

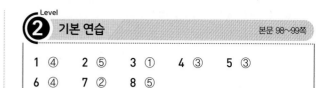

1 $E(\overline{X})=E(X)=10$
$\sigma(\overline{X})=\dfrac{\sigma}{\sqrt{36}}=2$에서
$$\sigma=12$$
$$V(X)=\sigma^2=144$$
따라서
$$E(\overline{X})+V(X)=10+144=154$$

답 ④

2 이 회사에서 생산하는 비누 1개의 무게의 모평균 m에 대한 신뢰도 95 %의 신뢰구간은 표준편차가 4, 표본의 크기가 64이고, 표본평균의 값을 $\overline{x}$라 하면
$$\overline{x}-1.96\times\frac{4}{\sqrt{64}}\leq m\leq\overline{x}+1.96\times\frac{4}{\sqrt{64}}$$
이때 $93.52\leq m\leq a$이므로
$$\overline{x}-1.96\times\frac{4}{\sqrt{64}}=93.52$$
$$\overline{x}=93.52+0.98=94.5$$
따라서
$$a=\overline{x}+1.96\times\frac{4}{\sqrt{64}}=94.5+0.98=95.48$$

답 ⑤

3 주머니에서 임의로 한 개의 공을 꺼내어 확인한 공에 적힌 수를 확률변수 X라 하자. 확률변수 X의 확률분포를 표로 나타내면 다음과 같다.

X	1	2	3	4	5	합계
$P(X=x)$	$\dfrac{1}{5}$	$\dfrac{1}{5}$	$\dfrac{1}{5}$	$\dfrac{1}{5}$	$\dfrac{1}{5}$	1

$$E(X)=1\times\frac{1}{5}+2\times\frac{1}{5}+3\times\frac{1}{5}+4\times\frac{1}{5}+5\times\frac{1}{5}=3$$
$$E(X^2)=1^2\times\frac{1}{5}+2^2\times\frac{1}{5}+3^2\times\frac{1}{5}+4^2\times\frac{1}{5}+5^2\times\frac{1}{5}=11$$
$$V(X)=E(X^2)-\{E(X)\}^2$$
$$=11-3^2=2$$

따라서 크기가 12인 표본의 표본평균 $\overline{X}$에 대하여

$$\mathrm{V}(\overline{X})=\frac{\mathrm{V}(X)}{12}=\frac{1}{6}$$

답 ①

4 이 학교의 학생 한 명이 일주일에 사용하는 물의 양을 확률 변수 X라 하면 확률변수 X는 정규분포 $\mathrm{N}(200,\ 36^2)$을 따른다.

이 학교의 학생 중에서 임의추출한 81명의 일주일에 사용하는 물의 양의 표본평균을 $\overline{X}$라 하면 표본평균 $\overline{X}$는 정규분포 $\mathrm{N}\!\left(200,\ \dfrac{36^2}{81}\right)$, 즉 $\mathrm{N}(200,\ 4^2)$을 따른다.

이때 $Z=\dfrac{\overline{X}-200}{4}$이라 하면 확률변수 Z는 표준정규분포 $\mathrm{N}(0,\ 1)$을 따른다.

따라서 구하는 확률은

$$\begin{aligned}
\mathrm{P}(192\le\overline{X}\le202)&=\mathrm{P}\!\left(\frac{192-200}{4}\le Z\le\frac{202-200}{4}\right)\\
&=\mathrm{P}(-2\le Z\le0.5)\\
&=\mathrm{P}(0\le Z\le2)+\mathrm{P}(0\le Z\le0.5)\\
&=0.4772+0.1915\\
&=0.6687
\end{aligned}$$

답 ③

5 크기가 4인 표본의 표본평균 $\overline{X}$에 대하여

$$\mathrm{V}(\overline{X})=\frac{\mathrm{V}(X)}{4}=\frac{5}{4}$$

이므로

$\mathrm{V}(X)=5$

$\mathrm{E}(X)=0\times\dfrac{1}{3}+a\times\dfrac{1}{2}+6\times\dfrac{1}{6}=\dfrac{a}{2}+1$

$\mathrm{E}(X^2)=0^2\times\dfrac{1}{3}+a^2\times\dfrac{1}{2}+6^2\times\dfrac{1}{6}=\dfrac{a^2}{2}+6$

$\mathrm{V}(X)=\mathrm{E}(X^2)-\{\mathrm{E}(X)\}^2=5$

$\left(\dfrac{a^2}{2}+6\right)-\left(\dfrac{a}{2}+1\right)^2=5$

$\dfrac{a^2}{4}-a=0$

이때 $0<a<6$이므로

$a=4$

따라서 $\mathrm{E}(\overline{X})=\mathrm{E}(X)=\dfrac{a}{2}+1=3$

답 ③

6 이 과수원에서 수확하는 사과 1개의 무게의 모평균 m에 대한 신뢰도 95 %의 신뢰구간은 표준편차가 $\sigma=3$이고, 표본의 크기가 n, 표본평균이 $\overline{x}$이므로

$$\overline{x}-1.96\times\frac{3}{\sqrt{n}}\le m\le\overline{x}+1.96\times\frac{3}{\sqrt{n}}$$

$208.53\le m\le211.47$에서

$\overline{x}-1.96\times\dfrac{3}{\sqrt{n}}=208.53 \quad\cdots\cdots\ \bigcirc$

$\overline{x}+1.96\times\dfrac{3}{\sqrt{n}}=211.47 \quad\cdots\cdots\ \bigcirc$

$\bigcirc$, $\bigcirc$에서

$2\times1.96\times\dfrac{3}{\sqrt{n}}=2.94,\ n=16$

$2\overline{x}=420,\ \overline{x}=210$

따라서

$n+\overline{x}=16+210=226$

답 ④

7 이 모집단에서 임의추출한 크기가 3인 표본을 $(X_1,\ X_2,\ X_3)$이라 하자.

(ⅰ) $k=1$인 경우

$\overline{X}=1$인 경우 $X_1=X_2=X_3=1$이므로

$\mathrm{P}(\overline{X}=1)=a^3$

$\mathrm{P}(\overline{X}=1)=\mathrm{P}(X=1)$에서

$a^3=a$

이때 $0<a<\dfrac{6}{7}$이므로 만족시키는 a의 값은 존재하지 않는다.

(ⅱ) $k=2$인 경우

$\overline{X}=2$인 경우 $(X_1,\ X_2,\ X_3)$은 $(1,\ 2,\ 3)$, $(1,\ 3,\ 2)$, $(2,\ 1,\ 3)$, $(2,\ 2,\ 2)$, $(2,\ 3,\ 1)$, $(3,\ 1,\ 2)$, $(3,\ 2,\ 1)$

$$\begin{aligned}
\mathrm{P}(\overline{X}=2)&=6\times a\times\frac{1}{7}\times b+\left(\frac{1}{7}\right)^3\\
&=\frac{6}{7}ab+\frac{1}{343}
\end{aligned}$$

$\mathrm{P}(\overline{X}=2)=\mathrm{P}(X=2)$에서

$\dfrac{6}{7}ab+\dfrac{1}{343}=\dfrac{1}{7}$

$ab=\dfrac{8}{49}$

이때 $a+b=\dfrac{6}{7}$이고 $a>b>0$이므로

$a=\dfrac{4}{7},\ b=\dfrac{2}{7}$

(iii) $k=3$인 경우

$\overline{X}=3$인 경우 $X_1=X_2=X_3=3$이므로

$\mathrm{P}(\overline{X}=3)=b^3$

$\mathrm{P}(\overline{X}=3)=\mathrm{P}(X=3)$에서

$b^3=b$

이때 $0<b<\dfrac{6}{7}$이므로 만족시키는 b의 값은 존재하지 않는다.

(i), (ii), (iii)에 의하여

$a=\dfrac{4}{7},\ b=\dfrac{2}{7}$

따라서 $\dfrac{a}{b}=2$

답 ②

8 이 지역에 살고 있는 성인 한 명이 한 달 동안 걷는 거리를 확률변수 X라 하면 X는 정규분포 $\mathrm{N}(m,\ \sigma^2)$을 따른다. 크기가 100인 표본의 표본평균 $\overline{X}$는 정규분포

$\mathrm{N}\left(m,\ \dfrac{\sigma^2}{100}\right)$을 따르므로

$\mathrm{P}(\overline{X}\leq75)=0.5$에서

$m=75$

이때 $Z=\dfrac{\overline{X}-m}{\dfrac{\sigma}{10}}$이라 하면 확률변수 Z는 표준정규분포

$\mathrm{N}(0,\ 1)$을 따른다.

$\mathrm{P}(\overline{X}\geq72)=0.9332$에서

$\mathrm{P}(\overline{X}\geq72)=\mathrm{P}\left(Z\geq\dfrac{72-75}{\dfrac{\sigma}{10}}\right)$

$=\mathrm{P}\left(Z\geq-\dfrac{30}{\sigma}\right)$

$=0.9332$

이므로

$\mathrm{P}\left(Z\geq-\dfrac{30}{\sigma}\right)=0.5+\mathrm{P}\left(0\leq Z\leq\dfrac{30}{\sigma}\right)=0.9332$

$\mathrm{P}\left(0\leq Z\leq\dfrac{30}{\sigma}\right)=0.4332$

이때 $\mathrm{P}(0\leq Z\leq1.5)=0.4332$이므로

$\dfrac{30}{\sigma}=1.5$

$\sigma=20$

따라서

$m+\sigma=75+20=95$

답 ⑤

실력 완성 본문 100쪽

1 287 **2** 144 **3** ③

1 주어진 시행을 2번 반복하여 기록한 수를 차례로 $X_1,\ X_2$라 하면

$\overline{X}=\dfrac{X_1+X_2}{2}$

이므로 $\dfrac{X_1+X_2}{2}=4$에서

$X_1+X_2=8$

한 번의 시행에서 기록할 수 있는 수는 1, 2, 3, 4, 6이므로

$X_1=2,\ X_2=6$ 또는 $X_1=4,\ X_2=4$ 또는 $X_1=6,\ X_2=2$

각 면에 1, 2, 3, 4의 숫자가 하나씩 적혀 있는 정사면체 모양의 상자를 A, 각 면에 2, 3, 4, 5의 숫자가 하나씩 적혀 있는 정사면체 모양의 상자를 B라 하자.

(i) 2를 기록할 확률

A에서 2가 나오고 B에서 3, 4, 5가 나오거나 A에서 3, 4가 나오고 B에서 2가 나오면 되므로

$\dfrac{1}{4}\times\dfrac{3}{4}+\dfrac{2}{4}\times\dfrac{1}{4}=\dfrac{5}{16}$

(ii) 4를 기록할 확률

A에서 4가 나오고 B에서 5가 나오면 되므로

$\dfrac{1}{4}\times\dfrac{1}{4}=\dfrac{1}{16}$

(iii) 6을 기록할 확률

A, B에서 같은 수가 나오면 되므로

$\dfrac{1}{4}\times\dfrac{1}{4}\times3=\dfrac{3}{16}$

(i), (ii), (iii)에서

$X_1=2,\ X_2=6$일 확률은

$\dfrac{5}{16}\times\dfrac{3}{16}=\dfrac{15}{256}$

$X_1=4,\ X_2=4$일 확률은

$\dfrac{1}{16}\times\dfrac{1}{16}=\dfrac{1}{256}$

$X_1=6,\ X_2=2$일 확률은

$\dfrac{3}{16}\times\dfrac{5}{16}=\dfrac{15}{256}$

따라서

$\mathrm{P}(\overline{X}=4)=\dfrac{15}{256}+\dfrac{1}{256}+\dfrac{15}{256}=\dfrac{31}{256}$

이므로 $p+q=256+31=287$

답 287

2 조건 (가)에서 $g(1)=f(-1)$이고 조건 (나)에서
$g(1)=f(9)$이므로 $f(-1)=f(9)$
확률변수 X가 정규분포를 따르므로 곡선 $y=f(x)$는 직선
$x=m_1$에 대하여 대칭이다.
즉, $m_1=\dfrac{-1+9}{2}=4$
조건 (가)에서 모든 실수 x에 대하여 $g(x)=f(-x)$이므로
두 곡선 $y=f(x)$, $y=g(x)$는 y축에 대하여 대칭이다.
즉, $m_2=-4$, $\sigma_1=\sigma_2$

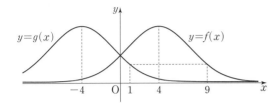

확률변수 $\overline{X}$는 정규분포 $\mathrm{N}\!\left(4,\left(\dfrac{\sigma_1}{\sqrt{n}}\right)^2\right)$을 따르고,

$Z=\dfrac{\overline{X}-4}{\dfrac{\sigma_1}{\sqrt{n}}}$라 하면 확률변수 Z는 표준정규분포 $\mathrm{N}(0,\,1)$을

따른다.

확률변수 $\overline{Y}$는 정규분포 $\mathrm{N}\!\left(-4,\left(\dfrac{\sigma_1}{4}\right)^2\right)$을 따르고,

$Z=\dfrac{\overline{Y}+4}{\dfrac{\sigma_1}{4}}$라 하면 확률변수 Z는 표준정규분포 $\mathrm{N}(0,\,1)$을

따른다.

$\mathrm{P}(\overline{X}\leq 3)=\mathrm{P}\!\left(Z\leq\dfrac{3-4}{\dfrac{\sigma_1}{\sqrt{n}}}\right)=\mathrm{P}\!\left(Z\leq-\dfrac{\sqrt{n}}{\sigma_1}\right)$,

$\mathrm{P}(\overline{Y}\geq -1)=\mathrm{P}\!\left(Z\geq\dfrac{-1+4}{\dfrac{\sigma_1}{4}}\right)=\mathrm{P}\!\left(Z\geq\dfrac{12}{\sigma_1}\right)$

에서 $\mathrm{P}\!\left(Z\leq-\dfrac{\sqrt{n}}{\sigma_1}\right)=\mathrm{P}\!\left(Z\geq\dfrac{12}{\sigma_1}\right)$이므로 $\dfrac{\sqrt{n}}{\sigma_1}=\dfrac{12}{\sigma_1}$

따라서 $n=144$

답 144

3 모평균 m에 대한 신뢰도 95 %의 신뢰구간은
$\overline{x_1}-1.96\times\dfrac{\sigma}{\sqrt{49}}\leq m\leq\overline{x_1}+1.96\times\dfrac{\sigma}{\sqrt{49}}$
$\overline{x_1}-0.28\sigma=154.25$, $\overline{x_1}+0.28\sigma=a$ ······ ㉠
모평균 m에 대한 신뢰도 99 %의 신뢰구간은
$\overline{x_2}-2.58\times\dfrac{\sigma}{\sqrt{36}}\leq m\leq\overline{x_2}+2.58\times\dfrac{\sigma}{\sqrt{36}}$
$\overline{x_2}-0.43\sigma=b$, $\overline{x_2}+0.43\sigma=182.65$ ······ ㉡

㉠, ㉡에서
$(\overline{x_2}+0.43\sigma)-(\overline{x_1}-0.28\sigma)=182.65-154.25$
$\overline{x_2}-\overline{x_1}+0.71\sigma=28.4$
$0.71\sigma=28.4-(\overline{x_2}-\overline{x_1})=28.4-21.3=7.1$
즉, $\sigma=10$
㉠, ㉡에서
$(\overline{x_2}+0.43\times 10)+(\overline{x_1}-0.28\times 10)=182.65+154.25$
즉, $\overline{x_2}+\overline{x_1}=335.4$
따라서
$a+b=(\overline{x_1}+0.28\times 10)+(\overline{x_2}-0.43\times 10)$
$\qquad=335.4+2.8-4.3=333.9$

답 ③

가벼운
학습의 시작!

종이책보다 저렴하게
eBook으로 만나는 EBS 교재

EBS eBook
바 로 가 기

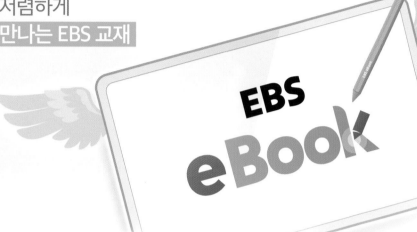

EBS
eBook

스스로 정리하며 완성하는 학습 루틴
학습계획표 | 학습노트

언제 어디서나 데이터 부담 없이
오프라인 이용 가능

종이책 정가 대비 할인
가장 저렴한 가격

EBS 교재와 강의를 한 번에
더욱 가볍고 자유로운 학습